Lecture Notes in Mathematics

A collection of informal reports and seminars
Edited by A. Dold, Heidelberg and B. Eckmann, Zürich

Series: Institut de Mathématique, Faculté
des Sciences d'Orsay. Adviser: J. P. Kahane

117

Yves Meyer

Université de Paris, Orsay/France

Cours Peccot donné au Collège de France
en avril-mai 1969

Nombres de Pisot, Nombres de Salem et Analyse Harmonique

Springer-Verlag
Berlin · Heidelberg · New York 1970

Title No. 3273

TABLE DES MATIERES

§1. Introduction.. 5

§2. Théorie générale des ensembles harmonieux.............................. 6

§3. Etude des ensembles harmonieux dans le cas réel......................... 14

§4. La répartition modulo 1.. 24

§5. Un espace de fonctions continues....................................... 39

§6. Retour au problème de la synthèse...................................... 54

BIBLIOGRAPHIE.. 63

§1. Introduction.

Raphaël Salem a montré que les nombres de Pisot jouent un rôle important dans le problème de l'unicité du développement trigonométrique. Je pense et nous allons montrer dans quelques cas particuliers que les nombres de Pisot interviennent également dans le problème de la synthèse harmonique. Un ensemble compact de nombres réels qui est "bien traversé" par des progressions arithmétiques de pas de plus en plus petits est, d'après un théorème de Carl Herz, un ensemble de synthèse harmonique. Pour réaliser notre programme il faut trouver un énoncé analogue où les progressions arithmétiques soient remplacées par des suites ayant à peu près la même disposition mais dépendant d'un nombre plus grand de paramètres. Les modèles que nous allons définir sont des "progressions arithmétiques à plusieurs pas" possédant par ailleurs toutes les propriétés importantes des progressions arithmétiques du point de vue de l'analyse harmonique. Les modèles peuvent être définis dans tous les corps localement compacts (ce n'est pas le cas pour les progressions arithmétiques). Enfin et surtout les modèles permettent d'établir d'autres résultats remarquables ; par exemple :

* *Soit* ε *un nombre réel positif. On peut trouver une suite* $(\lambda_n)_{n \geq 1}$ *de nombres réels tels que* $\lambda_n = n + \varepsilon(n)$ *où* $|\varepsilon(n)| \leq \varepsilon$ *et que* $(x\lambda_n)_{n \geq 1}$ *soit équirépartie modulo* 1 *si et seulement si* x *est transcendant.*

* *Soit* K *une extension réelle de degré fini de* $\mathbb{Q}$. *Il existe une suite croissante d'entiers* $(n_k)_{k \geq 1}$ *telle que* $(xn_k)_{k \geq 1}$ *soit équirépartie modulo* 1 *si et seulement si* x *n'appartient pas à* K .

* Si x est un nombre réel, notons $\{x\}$ l'entier le plus voisin de x (s'il y a ambiguïté, $\{x\} = x - \frac{1}{2}$). *Soit* $\theta > 1$ *et* $f(z) = \sum_0^\infty a_n z^{\{n\theta\}}$ *une série de Taylor de rayon de convergence égale à* 1. *Soit* K *l'ensemble des points du cercle de convergence où* $f(z)$ *ne peut être prolongée analytiquement. Alors*

$$\text{mes } K \geq 2\pi\left(1 - \frac{1}{\theta}\right) .$$

§2. *Théorie générale des ensembles harmonieux.*

Soit G un groupe abélien localement compact métrisable et dénombrable à l'infini. Soit Λ une partie de G et H le sous-groupe engendré par Λ . Soit $\mathbb{T}$ le groupe multiplicatif des nombres complexes de module égal à 1.

DEFINITION 1. *Un caractère faible* χ *sur* Λ *est une application de* Λ *dans* $\mathbb{T}$ *qui peut se prolonger en un homomorphisme de* H *dans* $\mathbb{T}$.

Il revient au même de dire que pour tout entier n , toute suite $\lambda_1, \ldots, \lambda_n$ d'éléments de Λ et toute suite $p_1, \ldots, p_n$ d'éléments de $\mathbb{Z}$ toute relation $\sum_1^n p_j \lambda_j = 0$ entraîne $\prod_1^n [\chi(\lambda_j)]^{p_j} = 1$.

Enfin les caractères faibles sur Λ ne sont autres que les restrictions à Λ des homomorphismes de G tout entier. Soit $\mathcal{G}$ le groupe de tous les homomorphismes de G dans $\mathbf{T}$; pour la topologie de la convergence simple sur G , $\mathcal{G}$ est compact (c'est un sous-groupe fermé de $\mathbf{T}^G$).

<u>Exemple</u>. Soit $\theta = \frac{1+\sqrt{5}}{2}$ et Λ l'ensemble des puissances θ^n , $n \geqq 0$, de θ .

Un caractère faible χ sur Λ est défini par $\chi(1) = 1$, $\chi(\theta) = -1$; on a, alors, successivement $\chi(\theta^2) = -1$, $\chi(\theta^3) = 1$, $\chi(\theta^4) = -1$, $\chi(\theta^5) = 1$,.... . La fonction $n \to \chi(\theta^n)$ est périodique de période 3.

<u>DEFINITION</u> 2. <u>Un caractère fort</u> χ <u>sur</u> Λ <u>est la restriction à</u> Λ <u>d'un homomorphisme continu de</u> G <u>dans</u> $\mathbf{T}$.

Un caractère fort est donc défini, à l'aide d'un élément γ du groupe dual Γ de G , par $\lambda \to (\lambda, \gamma)$.

<u>DEFINITION</u> 3. <u>Une partie</u> Λ <u>de</u> G <u>est un ensemble harmonieux si tout caractère faible</u> χ <u>sur</u> Λ <u>peut être uniformément approché sur</u> Λ <u>par une suite de caractères forts</u>.

Nous montrerons que, si $\theta = \frac{1+\sqrt{5}}{2}$, l'ensemble Λ des puissances θ^n , $n \geqq 0$, de θ est un ensemble harmonieux. Soit $\varepsilon > 0$, $I(1)$ l'ensemble des z , $|z| = 1$ tels que $|z-1| \leqq \varepsilon$ et $I(-1)$ l'ensemble des nombres complexes

z de module 1 tels que $|z+1| \leqq \varepsilon$. On peut, puisque Λ est harmonieux, trouver un $x \in \mathbb{R}$ tel que pour

$n=0$	1	2	3	4	5	6	7	8
$\exp(ix\theta^n) \in I(1)$	$I(-1)$	$I(-1)$	$I(1)$	$I(-1)$	$I(-1)$	$I(1)$	$I(-1)$	$I(-1)$.

C'est un exemple curieux de mauvaise répartition modulo 1.

PROPOSITION 1. *Soit* Λ *un ensemble harmonieux et* ε *un nombre réel positif. On peut trouver un compact* K *de* Γ *tel que si* χ *est un caractère faible sur* Λ *on puisse lui associer un* $\gamma \in K$ *tel que, pour tout* $\lambda \in \Lambda$ *on ait*

$$|\chi(\lambda) - (\gamma,\lambda)| \leqq \varepsilon \, .$$

Appelons, en effet, K_n une suite croissante de compacts dont la réunion est Γ . Employons sur $\mathfrak{g}$ la notation additive. Soit $\mathfrak{V}(\varepsilon)$ l'ensemble de tous les éléments $\chi \in \mathfrak{g}$ tels que, pour tout $\lambda \in \Lambda$, on ait $|\chi(\lambda)-1| \leqq \varepsilon$. Alors $\mathfrak{V}(\varepsilon)$ est fermé et donc compact. Considérons les compacts $\varkappa(n,\varepsilon) = K_n + \mathfrak{V}(\varepsilon)$ de $\mathfrak{g}$. Leur réunion est $\mathfrak{g}$ par hypothèse. D'après le théorème de Baire, pour n assez grand, $\varkappa(n,\varepsilon)$ a un intérieur. Mais Γ est dense dans $\mathfrak{g}$ et donc

$$\Gamma + \overset{\circ}{\widehat{\varkappa(n,\varepsilon)}} = \bigcup_{\gamma\in\Gamma} \gamma + \overset{\circ}{\widehat{\varkappa(n,\varepsilon)}} = \mathfrak{g} \, .$$

Grâce à la compacité de $\mathfrak{g}$, il existe une partie finie F de Γ telle que $F + \varkappa(n,\varepsilon) = \mathfrak{g}$. On prend $K = F + K_n$ et la proposition est démontrée.

Nous appellerons x et y des éléments de Γ .

<u>DEFINITION</u> 4. <u>Soit Λ une partie de G ; Λ a un compact associé s'il existe un compact K de Γ et un nombre positif A tel que pour toute somme finie</u>

$$P(x) = \sum_{\lambda\in\Lambda} a_\lambda(x,\lambda) \ , \ a_\lambda \in \mathbb{C} \ , \ x \in \Gamma$$

<u>on ait</u>

$$\sup_{x\in\Gamma} |P(x)| \leqq A \sup_{x\in K} |P(x)| \ .$$

Nous dirons alors que le couple (K,A) est associé à Λ.

<u>THEOREME</u> 1. <u>Un ensemble harmonieux a un compact associé.</u>

La preuve du théorème nécessite la proposition suivante due à Varopoulos ([8]).

<u>PROPOSITION</u> 2. <u>Il existe une constante C telle que pour tout groupe abélien localement compact G, toute partie Λ de G, on ait, pour toute somme finie</u> $P(x) = \sum_{\lambda\in\Lambda} a_\lambda(x,\lambda)$, $x \in \Gamma$:

$$|P(x) - P(y)| \leqq C \sup_{x\in\Gamma} |P(x)| \sup_{\lambda\in\Lambda} |(\lambda,x) - (\lambda,y)| \qquad (x \in \Gamma \ , \ y \in \Gamma) \ .$$

Soit alors ε un nombre réel positif assez petit pour que $C\varepsilon < 1$ et K le compact défini par la proposition 1. Pour tout $y \in \Gamma$ il existe un $x \in K$ tel que $\sup_{\lambda\in\Lambda} |(\lambda,x) - (\lambda,y)| \leqq \varepsilon$. On a donc

$$|P(y)| \leqq |P(x)| + |P(y) - P(x)| \leqq \sup_{x\in K} |P(x)| + C\varepsilon \sup_{x\in\Gamma} |P(x)|$$

et en prenant le sup en $y \in \Gamma$, on a

$$\sup_{x\in\Gamma} |P(x)| \leqq \sup_{x\in K} |P(x)| + C\varepsilon \sup_{x\in\Gamma} |P(x)| \ .$$

Le théorème est prouvé avec $A = (1 - C\varepsilon)^{-1}$.

COROLLAIRE 1. Si Λ est un ensemble harmonieux il existe un voisinage V de 0 dans G tel que si $\lambda \in \Lambda$, $\lambda' \in \Lambda$ et $\lambda \neq \lambda'$ on ait $(\lambda+V) \cap (\lambda'+V) = \emptyset$.

Supposons, au contraire, qu'il existe deux suites λ_n et λ'_n d'éléments de Λ tels que $\lambda_n - \lambda'_n \to 0$ $(n \to +\infty)$. Alors tout compact K de Γ, $(x,\lambda_n) - (x,\lambda'_n)$ tend uniformément vers 0 mais $\sup_{x \in \Gamma} |(x,\lambda_n) - (x,\lambda'_n)| \geqq 1$.

COROLLAIRE 2. Si G est compact, une partie Λ de G qui est un ensemble harmonieux est un ensemble fini.

Soit E une partie fermée de G. Un élément f de $L^\infty(\Gamma)$ a son spectre dans E si, pour tout élément g de $L^1(\Gamma)$ dont la transformée de Fourier est nulle sur un voisinage de E, on a :

$$\int_\Gamma f(\gamma) g(-\gamma) d\gamma = 0 .$$

THEOREME 2. Soit Λ un ensemble harmonieux contenu dans G. Il existe un voisinage V de 0 dans G et un nombre positif C tels que

i) $(\lambda+V) \cap (\lambda'+V) = \emptyset$ si $\lambda \in \Lambda$, $\lambda' \in \Lambda$, $\lambda \neq \lambda'$

ii) si $f_\lambda(x)$, $\lambda \in \Lambda$, est une suite finie de fonctions de $L^\infty(\Gamma)$ à spectre dans V, on a

$$\sup_{(x,y) \in \Gamma^2} \Big|\sum_{\lambda \in \Lambda} f_\lambda(x)(\lambda,y)\Big| \leqq C \sup_{x \in \Gamma} \Big|\sum_{\lambda \in \Lambda} f_\lambda(x)(\lambda,x)\Big| .$$

Pour démontrer le théorème 2, nous utiliserons le lemme suivant dû à Bernstein et Varopoulos.

<u>LEMME</u>. <u>A tout compact</u> K <u>de</u> Γ <u>et à tout</u> $\varepsilon > 0$ <u>on peut associer un voisinage</u> V <u>de</u> 0 <u>dans</u> G <u>tel que pour tout élément</u> $f(\gamma)$ <u>de</u> $L^\infty(\Gamma)$ <u>à spectre contenu dans</u> V <u>on ait, pour tout</u> $h \in K$, $|f(\gamma+h)-f(\gamma)| \leq \varepsilon \sup_{\gamma\in\Gamma} |f(\gamma)|$.

Soit (K,A) un couple associé à Λ , $0 < \varepsilon < A^{-1}$ et V défini par le lemme et vérifiant i). Nous allons voir que V convient pour le théorème 2.

Posons, en effet,

$$f(x,y) = \sum_{\lambda\in\Lambda} f_\lambda(y)(\lambda,x)$$

$$a = \sup\{|f(x,y)| \ ; \ x \in \Gamma \ , \ y \in \Gamma\} \qquad b = \sup\{|f(x,y)| \ ; \ x \in y+K\}$$

$$c = \sup\{|f(x,x)| \ ; \ x \in \Gamma\} \ .$$

Nous allons montrer que (2) $b \geq A^{-1}a$ et (3) $|b-c| \leq \varepsilon a$. Il en résultera que $c \geq (A^{-1}-\varepsilon)a$. C'est ce qu'il fallait démontrer. Montrons que $b \geq A^{-1}a$.
D'abord (1) est vérifié si l'on remplace K par $y+K$ comme on s'en assure sans peine. On a donc, pour tout y fixé,

$$\sup\{|f(x,y)| \ ; \ x \in \Gamma\} \leq A \sup\{|f(x,y)| \ ; \ x \in y+K\}$$

et en prenant le sup en y on obtient (2).

Soit la différence $f(x,y) - f(x,z)$; si x est considéré comme un paramètre, $y \to f(x,y)$ devient une fonction à spectre dans V . Si $z-y \in K$ on a, par le lemme de Bernstein-Varopoulos

$$|f(x,y)-f(x,z)| \leq \varepsilon \sup_{y\in\Gamma} |f(x,y)| \leq \varepsilon a \ .$$

Si $x \in y+K$, on obtient donc

$$|f(x,y)| \leq |f(x,x)| + \varepsilon a \leq c + \varepsilon a$$

et en prenant le sup en x et y on a

$$b \leq c + \varepsilon a .$$

On montre de même que $c \leq b + \varepsilon a$. D'où (3).

THEOREME 3. *Soit* G *un corps localement compact,* Λ *un ensemble harmonieux contenu dans* G *et soit* V *un voisinage de* 0 *dans* G *tel que le théorème* 2 *soit vérifié.*

Soit E *un ensemble compact contenu dans* G . *Soit* s_n *une suite d'éléments de* G *tendant vers* 0 . *Posons* $E_n = E \cap s_n\Lambda$, $V_n = s_nV$ *et supposons que*

$$E_n \subset E \subset E_n + V_n .$$

Alors E *est de synthèse.*

Plus précisément, à tout élément f *de* $L^\infty(\Gamma)$ *dont le spectre est contenu dans* E *on peut associer une suite* f_n *de polynômes trigonométriques dont le spectre est contenu dans* E_n *et tels que*

i) $\sup_{\gamma\in\Gamma} |f_n(\gamma)| \leq C \sup_{\gamma\in\Gamma} |f(\gamma)|$

ii) $f_n(\gamma) \to f(\gamma)$ *uniformément sur tout compact de* Γ .

Ecrivons, en effet, $f(\gamma) = \sum_{\lambda\in E_n} f_{n,\lambda}(\gamma)(\lambda,\gamma)$ où le spectre de $f_{n,\lambda}$ est contenu dans V_n . Posons

$$f_n(\gamma) = \sum_{\lambda \in E_n} f_{n,\lambda}(0)(\lambda,\gamma) .$$

Alors i) est une conséquence immédiate du théorème 2. Pour prouver ii), soit $f(x,\gamma) = \sum_{\lambda \in E_n} f_{n,\lambda}(x)(\lambda,\gamma)$; pour toute valeur fixée de γ , c'est une fonction à spectre dans V_n . Soit K un compact de Γ ; d'après le lemme de Bernstein-Varopoulos, pour tout $\varepsilon > 0$ il existe un entier N tel que $n \geqq N$ entraîne, si $x \in K$ et $0 \in K$,

$$|f(x,\gamma) - f(0,\gamma)| \leqq \varepsilon \sup_{x \in \Gamma} |f(x,\gamma)| \leqq \varepsilon \sup_{(x,\gamma) \in \Gamma^2} |f(x,\gamma)| \leqq C \varepsilon \sup_{\gamma \in \Gamma} |f(\gamma)|$$

et, en particulier, pour $\gamma = x$,

$$|f_n(x) - f(x)| \leqq \varepsilon C \sup_{\gamma \in \Gamma} |f(\gamma)| .$$

§3. Etude des ensembles harmonieux dans le cas réel.

3.1. Donnons d'abord un exemple des ensembles que nous allons étudier : soit $\theta = \frac{1+\sqrt{5}}{2}$ et Λ l'ensemble de toutes les sommes finies $\sum_{k \geq 0} \varepsilon_k \theta^k$ où $\varepsilon_k \in \{0,1\}$. La construction de Λ est plaisante : Λ est une sorte de progression à deux pas ; la différence entre deux éléments consécutifs de Λ ne peut valoir que 1 ou $\theta-1$. Enfin Λ est l'ensemble de tous les nombres réels de la forme $p+q\theta$, $p \in \mathbb{Z}$, $q \in \mathbb{Z}$, tels que $-1 \leq p+q\bar{\theta} \leq \theta$ $(\bar{\theta} = \frac{1-\sqrt{5}}{2})$.

3.2. Nous allons étudier une classe plus générale d'ensembles de nombres réels.

DEFINITION 5. Les modèles.

Soient

. n un entier supérieur ou égal à 2

. K un compact de $\mathbb{R}^{n-1}$

. $a_1,\ldots,a_n$ n nombres réels linéairement indépendants sur $\mathbb{Z}$

. I la forme linéaire sur $\mathbb{R}^n$ définie par $I(x_1,\ldots,x_n) = a_1x_1+\ldots+a_nx_n$

. $L_1,\ldots,L_{n-1}$, $n-1$ autres formes linéaires sur $\mathbb{R}^n$ formant avec I une base du dual de $\mathbb{R}^n$.

A ces données correspond un ensemble Λ de nombres réels, que nous appellerons un modèle ; Λ est l'ensemble de tous les nombres réels $a_1k_1+\ldots+a_nk_n$ où $k_1,\ldots,k_n$ sont des entiers relatifs tels que le point de $\mathbb{R}^{n-1}$ de coordonnées $L_1(k_1,\ldots,k_n),\ldots,L_{n-1}(k_1,\ldots,k_n)$ appartienne à K.

Dans l'exemple donné ci-dessus, $n=2$, $a_1=1$, $a_2=\theta$, $L_1(x_1,x_2)=x_1+x_2\bar{\theta}$ et $K=[-1,\theta]$.

Une définition équivalente des modèles est la suivante :

<u>DEFINITION</u> 6. <u>Soit</u> E <u>une partie de</u> $\mathbb{R}$ <u>qui est un espace vectoriel sur</u> $\mathbb{Q}$ <u>de dimension finie</u> n ; <u>soit</u> I <u>l'application identique de</u> E <u>dans</u> $\mathbb{R}$ <u>et</u> $L_1,\ldots,L_{n-1}$ $n-1$ <u>applications</u> $\mathbb{Q}$<u>-linéaires de</u> E <u>dans</u> $\mathbb{R}$ <u>telles que</u> $I,L_1,\ldots,L_{n-1}$ <u>soient</u> n <u>applications</u> $\mathbb{Q}$<u>-linéaires indépendantes sur</u> $\mathbb{R}$. <u>Soit</u> K <u>un compact de</u> $\mathbb{R}^{n-1}$, M <u>un</u> $\mathbb{Z}$<u>-module libre de rang</u> n <u>contenu dans</u> E <u>et</u> Λ <u>la partie de</u> M <u>formée des</u> λ <u>dans</u> M <u>tels que le point de</u> $\mathbb{R}^{n-1}$ <u>de coordonnées</u> $L_1(\lambda),\ldots,L_{n-1}(\lambda)$ <u>appartienne à</u> K. <u>Alors</u> Λ <u>est un modèle.</u>

Nous pouvons encore donner une forme équivalente à la définition en considérant $n-1$ applications $\mathbb{Q}$-linéaires de E dans $\mathbb{C}$, $L_1,\ldots,L_{n-1}$ telles que $I,L_1,\ldots,L_{n-1}$ soient n applications $\mathbb{Q}$-linéaires et $\mathbb{C}$-indépendantes de E dans $\mathbb{C}$. On suppose que les L_j à valeurs complexes sont deux à deux conjuguées. On appelle K un compact de $\mathbb{C}^{n-1}$, M un $\mathbb{Z}$-module libre de rang n de E et Λ l'ensemble des λ dans M tels que $(L_1(\lambda),\ldots,L_{n-1}(\lambda))$ appartienne à K. Alors Λ est un modèle.

On se ramène au cas précédent en considérant au lieu des applications L_j leurs parties réelles et imaginaires.

Le cas particulier le plus important sera celui où E est un corps de nombres algébriques, où M est l'ensemble des entiers algébriques de E. En particulier : l'ensemble Λ de tous les nombres de Pisot ou de Salem de degré n d'un corps de nombres de degré n est un modèle (ici les applications $L_1,\dots,L_{n-1}$ sont les $n-1$ $\mathbb{Q}$-isomorphismes non triviaux du corps dans $\mathbb{C}$ et Λ est l'ensemble des $\lambda \in M$ tels que $|L_1(\lambda)| \leqq 1,\dots,|L_{n-1}(\lambda)| \leqq 1$).

Le plus souvent $M,L_1,\dots,L_{n-1}$ étant donnés nous ferons varier le compact K de $\mathbb{R}^{n-1}$. Nous noterons alors $\Lambda(K)$ le modèle Λ. Si $K \subset K'$ on a $\Lambda(K) \subset \Lambda(K')$. D'autre part toute partie d'un ensemble harmonieux est évidemment un ensemble harmonieux.

3.3. DEFINITION 7. *Un ensemble* Λ *de nombres réels est relativement dense s'il existe un nombre positif* T *tel que tout intervalle de longueur* T *contienne un élément de* Λ.

THEOREME 4. *Soit* Λ *un ensemble relativement dense de nombres réels. Les conditions suivantes sont équivalentes*

a) Λ *est harmonieux*

b) Λ *est contenu dans un modèle.*

Nous allons simplement montrer que b) entraîne a). Compte tenu des remarques ci-dessus, il suffit de le montrer si Λ est le modèle défini par

$$|L_1| \leq 1,\dots,|L_{n-1}| \leq 1 .$$

Le lemme suivant nous permettra de trouver la forme générale des caractères faibles sur un $\mathbb{Z}$-module libre de rang fini $M \subset \mathbb{R}$.

LEMME. *Soient* $L_1,\dots,L_{n-1},I$, n *formes linéaires indépendantes sur* $\mathbb{R}^n$. *Soit* $I(x_1,\dots,x_n) = \omega_1 x_1+\dots+\omega_n x_n$ *où* $\omega_1,\dots,\omega_n$ *sont* n *nombres réels* $\mathbb{Z}$-*indépendants.*

Soit $\varepsilon > 0$. *A toute forme linéaire* L *sur* $\mathbb{R}^n$ *on peut associer* n *nombres réels* $t_1,\dots,t_{n-1},t$ *tels que*

a) $|t_1| \leq \varepsilon,\dots,|t_{n-1}| \leq \varepsilon$

b) *pour tout* $\gamma \in \mathbb{Z}^n$ *on ait* $L(\gamma) \equiv t_1 L_1(\gamma)+\dots+t_{n-1}L_{n-1}(\gamma)+tI(\gamma) \pmod 1$.

Ecrivons, en effet

$$L(x_1,\dots,x_n) = \sum_1^n \theta_k\, x_k$$

$$I(x_1,\dots,x_n) = \sum_1^n \omega_k\, x_k$$

$$L_j(x_1,\dots,x_n) = \sum_1^n b(k,j)x_j .$$

La condition b) est équivalente aux n conditions.

c) $\theta_k \equiv \omega_k t + \sum_1^{n-1} b(k,j)t_j \pmod 1$.

Soit C l'ensemble de tous les points de $\mathbb{R}^n$ de la forme $(x_1,\dots,x_n)$ où

$$x_k = \omega_k t + \sum_1^{n-1} b(k,j)t_j , \quad -\infty < t < +\infty , \quad |t_j| \leq \varepsilon \text{ pour } 1 \leq j \leq n-1 .$$

Grâce à l'indépendance de $L_1,\dots,L_{n-1},I$ on voit que C contient un cylindre ouvert dont l'axe est la droite D d'équation paramétrique $x_k = \omega_k t$, $1 \leqq k \leqq n$. Mais $\omega_1,\dots,\omega_n$ sont $\mathbb{Z}$-indépendants. L'image de D dans $\mathbb{R}^n/\mathbb{Z}^n$ par l'application canonique de $\mathbb{R}^n$ sur $\mathbb{R}^n/\mathbb{Z}^n$ est dense dans le tore à n dimensions et l'image de C est donc tout ce tore. Cela prouve que, quels que soient les θ_k, $1 < k < n$, c) est résoluble.

Soit χ un caractère faible sur Λ ; χ est la restriction à Λ d'un caractère faible sur M. Il y a n nombres réels $\theta_1,\dots,\theta_n$ tels que

$$\chi(\omega_k) = \exp(2\pi i\theta_k)$$

et χ est donc défini en

$$\lambda = \sum_1^n p_k\omega_k \ , \ p_k \in \mathbb{Z} \ , \text{ par } \chi(\lambda) = \exp(2\pi i L(p_1,\dots,p_n)$$

avec les notations du lemme. On a donc, puisque si $\lambda \in \Lambda$

$$|L_1(p_1,\dots,p_n)| \leqq 1,\dots,|L_{n-1}(p_1,\dots,p_n)| \leqq 1 \ ,$$

$$|L(p_1,\dots,p_n) - tI(p_1,\dots,p_n)| \leqq (n-1)\varepsilon \quad \text{et} \quad |\chi(\lambda) - \exp(2\pi i t\lambda)| \leqq 2\pi(n-1)\varepsilon \ .$$

Le théorème est prouvé.

<u>COROLLAIRE</u> 1. <u>Soit</u> K <u>un corps réel de nombres algébriques. Soit</u> n <u>le degré de</u> K, A <u>un nombre positif et</u> Λ <u>l'ensemble des éléments</u> λ <u>de</u> K <u>de degré</u> n <u>dont les conjugués (autres que</u> λ) <u>ont un module inférieur ou égal à</u> A. <u>Alors</u> Λ <u>est harmonieux.</u>

COROLLAIRE 2. *Soit θ un nombre de Pisot et Λ l'ensemble des sommes finies*

$$\sum_{k\geq 0} \varepsilon_k \theta^k \ , \ \varepsilon_k \in \{0,1\} \ .$$

Alors Λ est harmonieux.

COROLLAIRE 3. *Soit θ un nombre de Pisot ou de Salem et Λ l'ensemble des puissances θ^k, $k \geq 0$, de θ. Alors Λ est harmonieux.*

PROPOSITION 3. *Soit θ un nombre réel positif. Si l'ensemble Λ des puissances θ^k, $k \geq 0$, de θ est harmonieux, θ est un nombre de Pisot ou de Salem.*

Dans la preuve de la proposition, nous distinguerons deux cas : θ algébrique et θ transcendant. Si θ est algébrique nous utiliserons les lemmes suivants.

LEMME 1. *Soit Λ un ensemble harmonieux. Pour tout $\varepsilon > 0$ il existe un x non nul tel que, pour tout $\lambda \in \Lambda$ on ait $\|x\lambda\| \leq \varepsilon$ ($\|t\|$ est le reste modulo 1 du nombre réel t, $-\frac{1}{2} \leq \|t\| < \frac{1}{2}$).*

LEMME 2. *Soit θ un nombre algébrique. Il existe un $\varepsilon > 0$ tel que les deux conditions suivantes soient équivalentes :*

a) *il y a un nombre réel non nul x tel que pour tout $k \geq 0$ $\|x\theta^k\| \leq \varepsilon$,*

b) *θ est un nombre de Pisot ou de Salem.*

Le lemme 2 est classique. Rappelons sa preuve. Soit $P(X) = a_0X^n+\ldots+a_n$ un élément irréductible de $\mathbb{Z}[X]$ tel que $P(\theta) = 0$ et θ_j, $1 \leq j \leq n-1$ les conjugués de θ ; les θ_j sont des racines simples de $P(X) = 0$. Quitte à les réordonner, on supposera qu'un entier $p < n$ est défini par la condition que $|\theta_j| \leqq 1$ si $j \leqq p$ et $|\theta_j| > 1$ si $j > p$ (si aucun des $|\theta_j|$ n'est inférieur ou égal à 1, on pose $p=0$). Soit ε tel que $\varepsilon(|a_0|+\ldots+|a_n|) < 1$ et x défini par le lemme 1. On a $x\theta^k = p_k + \varepsilon_k$ où $|\varepsilon_k| \leqq \varepsilon$.

On a, pour tout entier k,

$$a_0\theta^{k+n} = a_1\theta^{k+n-1} + \ldots + a_n\theta^k = 0 .$$

On en déduit

$$a_0p_{n+k} + a_1p_{n+k-1} + \ldots + a_np_k = -(a_0\varepsilon_{n+k} + \ldots + a_n\varepsilon_k) .$$

Un entier (le premier membre) appartenant à $]-1,1[$ est nul. On a donc $\varepsilon_k = \lambda_1\theta_1^k + \ldots + \lambda_p\theta_p^k$ où les λ_j sont des coefficients complexes (seules interviennent les racines de module inférieur ou égal à 1 car ε_k est borné). Les séries formelles

$$\sum_{k \geqq 0} \theta^k X^k \quad \text{et} \quad \sum_{k \geqq 0} \varepsilon_k X^k$$

représentent les fractions rationnelles

$$\frac{1}{1-\theta X} \quad \text{et} \quad \sum_1^p \frac{\lambda_j}{1-\theta_j X}$$

dont la différence est la fraction rationnelle irréductible $U(X)/V(X)$ où

$$V(X) = (1-\theta X)\prod_1^p (1-\theta_j X) .$$

La série formelle $\sum_{k \geqq 0} p_k X^k$ représente donc une fraction rationnelle et, d'après un théorème de Fatou, on peut trouver deux éléments $A(X)$ et $B(X)$ de $\mathbf{Z}[X]$ tels que $B(0) = 1$ et que $\sum_{k \geqq 0} p_k X^k = A(X)/B(X)$. On a alors $V(X) = B(X)$.

Cela montre que θ est un entier algébrique dont les conjugués sont les θ_j, $1 \leqq j \leqq p$, c'est-à-dire un nombre de Pisot ou de Salem.

Si θ est transcendant on ne sait pas si le lemme 2 est exact. Mais on peut montrer directement que l'ensemble Λ des puissances θ^k, $k \geqq 0$, de θ n'est pas harmonieux.

En effet on a :

<u>LEMME</u> 3. <u>Soit</u> θ <u>un nombre réel ; il existe une suite</u> $(c_k)_{k \geqq 0}$ <u>prenant les valeurs</u> ± 1 <u>et un nombre réel positif, non nul,</u> ε, <u>tel que, pour tout</u> x <u>réel,</u> $\sup_{k \geqq 0} |c_k - \exp(2\pi i x \theta^k)| \geqq \varepsilon$.

Le cas $|\theta| \leqq 1$ est évident. Nous supposerons donc $|\theta| > 1$. On appelle Δ_ε l'ensemble des nombres complexes z de module 1 tels que $|z-1| \leqq \varepsilon$ ou $|z+1| \leqq \varepsilon$ et K_ε l'ensemble des x réels tels que $\exp(2\pi i x \theta^k)$ appartienne à Δ_ε pour tout k, $k \geqq 0$. Dès que ε est assez petit, 0 est un point isolé de K_ε : en effet, si $x \in K_\varepsilon$, on a $|\exp(4\pi i x \theta^k) - 1| \leqq 2\varepsilon$ ce qui entraîne $\|2x\theta^k\| \leqq \varepsilon$ $(k \geqq 0)$. Si $|2x| \leqq \varepsilon$ il y a un plus grand entier ℓ tel que si $k \leqq \ell$ on ait $|2x\theta^\ell| \leqq \varepsilon$ (si $|\theta| > 1$, ℓ est fini). On a donc $|2x\theta^{\ell+1}| \geqq 1-\varepsilon$ car $2x\theta^{\ell+1}$ appartient à un intervalle de longueur 2ε dont le centre est un entier. On en déduit que $|\theta| \geqq \frac{1-\varepsilon}{\varepsilon}$ ce qui est inexact si ε est assez petit. Dans ce cas, on ne peut avoir $|2x| \leqq \varepsilon$ si $x \in K_\varepsilon$ et 0 est un point isolé de K_ε. Mais l'inclusion $K_\varepsilon - K_\varepsilon \subset K_{2\varepsilon}$ entraîne que, si ε est assez petit, tout point de K_ε est isolé. Alors K_ε est dénombrable. Mais l'ensemble de toutes les suites de ± 1 ne l'est pas et, la suite $(c_k)_{k \geq 0}$ étant déterminée par $x \in K_\varepsilon$, il y a une suite de ± 1 qui n'est pas égale, à ε près, à une suite $(\exp(2\pi i x\theta^k))_{k \geq 0}$ où $x \in K_\varepsilon$ et donc, a fortiori, n'est pas égale à une suite

$$(\exp(2\pi i x\theta^k))_{k \geq 0} \quad \text{où} \quad x \in \mathbb{R} .$$

THEOREME 5. Soit Λ un ensemble de nombres réels stable par multiplication. Les deux conditions suivantes sont équivalentes ;

a) Λ est harmonieux

b) Λ est contenu dans la réunion de $\{-1,1\}$ et de l'ensemble des nombres de Pisot et de Salem de degré n d'un corps réel K de nombres algébriques de degré n.

Compte tenu de la proposition, le théorème résulte du lemme

LEMME. Soit S un ensemble, stable pour la multiplication, d'entiers algébriques de Pisot ou de Salem. Il existe un corps réel K de nombres algébriques tel que S soit contenu dans $\{-1,1\} \cup T$ où T est l'ensemble des nombres de Pisot ou de Salem de K ayant un degré égal à celui de K.

Soit $x \in S$, $x \neq \pm 1$ et $K = \mathbb{Q}[x]$. Nous allons montrer que S est contenu dans K. Soit $y \in S$. Nous savons que y est algébrique sur $\mathbb{Q}$ donc sur $\mathbb{Q}[x]$. Soit $p = d^o[y;K]$. Si $p = 1$, $y \in K$. Si $p > 1$, il y a exactement p $\mathbb{Q}[x]$-isomorphismes distincts de $\mathbb{Q}[x,y]$ dans $\mathbb{C}$. Soit τ l'un d'eux différent de l'identité et soit $\tau(y) = z$; z est un conjugué de y et puisque $|x| > 1$, il y a un entier m tel que $|x^m||z| > 1$. Mais alors $x^m y$ ne peut être ni un nombre de Pisot, ni un nombre de Salem car le module d'un de ses conjugués, distinct de lui-même, dépasse 1.

Ainsi $\mathbb{Q}[y] \subset \mathbb{Q}[x]$. On prouverait de même que $\mathbb{Q}[x] \subset \mathbb{Q}[y]$. Donc x et y ont même degré.

§4. <u>La répartition modulo</u> 1.

Nous allons montrer l'existence d'une suite croissante $(n_k)_{k\geq 1}$ d'entiers positifs telle que pour tout nombre réel x, $(xn_k)_{k\geq 1}$ soit équirépartie modulo 1 si et seulement si x est transcendant.

Nous utiliserons à cet effet les remarquables propriétés de répartition modulo 1 des modèles, elles-mêmes conséquence de l'existence, pour les modèles, d'une formule de Poisson.

4.1. La formule de Poisson dit que si $\mathbb{Z}$ est l'ensemble des entiers relatifs et ζ la mesure (non bornée) $\sum_{-\infty}^{+\infty} \delta(x-k)$, somme des masses 1 placées en chaque entier, alors la transformée de Fourier $\mathcal{F}\zeta$, (au sens des distributions) de ζ est ζ. (La transformée de Fourier de l'élément f de $L^1(\mathbb{R})$ est $\hat{f}$ définie par $\hat{f}(y) = \int_{-\infty}^{+\infty} \exp(-2\pi ixy) f(x)dx$). Nous donnerons des exemples d'ensembles Λ de nombres réels possédant la propriété suivante : pour tout $\varepsilon > 0$ on peut trouver une mesure, à valeurs complexes, μ_ε, telle que

a) $\sup_{-\infty<x<+\infty} \int_x^{x+1} d|\mu_\varepsilon|(t) < +\infty$

b) $\mathcal{F}\mu_\varepsilon = \sum_{\lambda\in\Lambda} \delta(x-\lambda) + R_\varepsilon(x)$

où $\sum_{\lambda\in\Lambda} \delta(x-\lambda)$ est une mesure, $R_\varepsilon(x)$ également et où

c) $\overline{\lim}_{T\to+\infty} \frac{1}{2T} \int_{-T}^{T} d|R_\varepsilon|(x) \leq \varepsilon$.

4.2. La condition c) signifie que le terme d'erreur est petit. Ne peut-on pas, tout simplement, le prendre nul ? Nous allons voir que l'on retombe alors sur la formule de Poisson usuelle.

Supposons, en effet, qu'il existe une mesure, à valeurs complexes, μ telle que

a) $\sup_{-\infty<x<+\infty} \int_x^{x+1} d|\mu|(t) < +\infty$

b) $\mathcal{F}\mu = \sum_{\lambda\in\Lambda} \delta(x-\lambda)$.

La somme $\sum_{\lambda\in\Lambda} \delta(x-\lambda)$ ne peut être une distribution que si elle est une mesure ; alors Λ est un ensemble fermé dont chaque élément est isolé. Soit $\varphi(x)$ une fonction d'une variable réelle, à valeurs réelles, indéfiniment dérivable et à support compact et telle que $\varphi(0) = 1$; soit Ψ la fonction à décroissance rapide dont la transformée de Fourier est φ. Grâce à a), la suite des normes (ou variations totales) des mesures $d\mu_n = n^{-1}\Psi(n^{-1}x)d\mu(x)$ est une suite bornée. D'autre part $\hat{\mu}_n(t) = \sum_{\lambda\in\Lambda} \varphi(nt-n\lambda)$. Si t n'appartient pas à Λ, $\hat{\mu}_n(t) \to 0$ $(n \to \infty)$ car Λ est fermé. Si t appartient à Λ, $\hat{\mu}_n(t) \to 1$ $(n \to +\infty)$ car chaque point de Λ est isolé. Il existe donc une mesure ν portée par le compactifié de Bohr de $\mathbb{R}$ dont la transformée de Fourier vaut 1 sur Λ et 0 ailleurs (ν est la limite vague des μ_n). D'après une conséquence du théorème de Paul Cohen due à P.H. Rosenthal, ([7] th. 1.6 p.22) Λ est à un ensemble fini près, la réunion de k parties de $\mathbb{R}$ de la forme $\alpha_j\mathbb{Z}+\beta_j$ $(1 \leq j \leq k)$.

On retrouve donc la formule de Poisson habituelle.

4.3. Avant de donner des exemples, montrons que la donnée des mesures μ_ε vérifiant a), b), c) permet de résoudre le problème de la répartition modulo 1 des "suites $x\Lambda$ ".

D'abord l'hypothèse que $\sum_{\lambda\in\Lambda} \delta(x-\lambda)$ est une mesure entraîne que l'on peut ordonner $\Lambda\cap[0,+\infty[$ en une suite croissante $(\lambda_k)_{k\geq 1}$. Une fois pour toutes, cette suite sera associée à Λ .

<u>THEOREME</u> 6. <u>Supposons les conditions</u> a), b) <u>et</u> c) <u>satisfaites et què, de plus</u> $\inf \lambda_{k+1} - \lambda_k > 0$. <u>Alors pour tout</u> x <u>réel,</u>

$$\lim_{k\to\infty} \lambda_k^{-1}[\exp(2\pi i\lambda_1 x)+\ldots+\exp(2\pi i\lambda_k x)] = \lim_{\varepsilon\to 0} \mu_\varepsilon\{x\} .$$

($\mu\{x\}$ désigne la masse au point x de la mesure μ).

La preuve du théorème 1 repose sur le fait que, si ν est une mesure bornée, la moyenne de la fonction $\hat{\nu}(t)\exp(2\pi itx)$ est égale à la masse de ν en x . Nous ne pouvons appliquer cette remarque à μ_ε mais soit $\varphi(t)$ une fonction indéfiniment dérivable, à support compact, et telle que $\hat{\varphi}(x)$ soit différent de zéro. Posons $\nu(y) = \hat{\varphi}(-y)\mu_\varepsilon(y)$. Grâce à la condition a) et à la décroissance rapide de $\hat{\varphi}$, ν est une mesure bornée. Pour calculer la moyenne de $\hat{\nu}$, appelons χ_k la fonction égale à $\lambda_k^{-1}\exp(-2\pi itx)$ sur $[0,\lambda_k]$, à 0 ailleurs. On a $\hat{\nu}(t) = \varphi * \hat{\mu}_\varepsilon = \sum_{\lambda\in\Lambda} \varphi(x-\lambda) + R_\varepsilon * \varphi$. Mais

$$\overline{\lim_{T\to+\infty}} \frac{1}{2T}\int_{-T}^{T} |R_\varepsilon * \varphi| dt \leqq \varepsilon \|\varphi\|_1$$

et donc

$$\overline{\lim_{k\to+\infty}} |\langle R_\varepsilon * \varphi, \chi_k\rangle| \leqq \varepsilon \|\varphi\|_1$$

($\langle f,g\rangle = \int_{-\infty}^{+\infty} f(t)\,\overline{g(t)}dt$ chaque fois que cette intégrale a un sens). Enfin

$$\langle \sum_{\lambda\in\Lambda} \varphi(x-\lambda), \chi_k\rangle = M_k(x)\hat{\varphi}(-x) + o(1) ,$$

grâce à la condition que $\inf(\lambda_{k+1} - \lambda_k) > 0$. On a donc

$$\overline{\lim_{k\to+\infty}} |M_k(x) - \mu_\varepsilon\{x\}| \leqq \varepsilon \|\varphi\|_1/\varphi(x)$$

ce qui entraîne évidemment $\lim\limits_{k\to+\infty} M_k(x) = \lim\limits_{\varepsilon\to 0} \mu_\varepsilon\{x\}$.

<u>COROLLAIRE</u>. <u>Supposons que</u> $\lambda_k = O(k)$. <u>Alors</u>

$$\lim_{n\to\infty} k^{-1}[\exp(2\pi i\lambda_1 x)+\ldots+\exp(2\pi i\lambda_k x)] = \lim_{\varepsilon\to 0} \mu_\varepsilon\{x\}/\lim_{\varepsilon\to 0} \mu_\varepsilon\{0\} .$$

4.4. <u>Les modèles</u>.

Soient

. n un entier supérieur ou égal à 2

. K un compact de $\mathbb{R}^{n-1}$

. $a_1,\ldots,a_n$ n nombres réels, linéairement indépendants sur $\mathbb{Z}$

. I la forme linéaire sur $\mathbb{R}^n$ définie par

$$I(x_1,\ldots,x_n) = a_1x_1+\ldots+a_nx_n$$

. $L_1,\ldots,L_{n-1}$, $n-1$ autres formes linéaires sur $\mathbb{R}^n$ formant avec I une base de dual de $\mathbb{R}^n$.

. $L_1^*,\ldots,L_n^*$ est l'endomorphisme de $\mathbb{R}^n$ adjoint de l'inverse de l'endomorphisme $L = (L_1,\ldots,L_{n-1},I)$ et les coefficients de L_n^* sont linéairement indépendants sur $\mathbb{Z}$.

A ces données correspond un ensemble de nombres réels, Λ, que nous appellerons un modèle ; Λ est l'ensemble de tous les nombres réels $a_1k_1+\ldots+a_nk_n$ où $k_1,\ldots,k_n$ sont des entiers relatifs tels que le point de $\mathbb{R}^{n-1}$ de coordonnées $L_1(k_1,\ldots,k_n),\ldots,L_{n-1}(k_1,\ldots,k_n)$ appartienne à K.

Pas intérieur d'un modèle.

Les notations sont les mêmes que ci-dessus. Appelons pas d'un ensemble Λ de nombres réels la quantité $\inf\{|\lambda'-\lambda| \,;\, \lambda \in \Lambda, \lambda' \in \Lambda, \lambda \neq \lambda'\}$. Appelons, pour tout $\varepsilon > 0$, K_ε l'ensemble des points de $\mathbb{R}^{n-1}$ dont la distance à K ne dépasse pas ε. Soit Λ_ε le modèle défini comme le modèle Λ mais où K est remplacé par K_ε.

Posons $2\underline{d} = \sup_{\varepsilon>0}$ (pas de Λ_ε) :

$2\underline{d}$ est le pas intérieur du modèle Λ (il arrive souvent que $2\underline{d}$ soit égal au pas de Λ).

PROPOSITION. Le pas (et donc le pas intérieur) d'un modèle sont strictement positifs.

En effet, soit $\lambda \in \Lambda$, $\lambda' \in \Lambda$, $\lambda \neq \lambda'$, $\mu = \lambda-\lambda'$. On veut montrer que μ ne peut être arbitrairement voisin de 0. On peut donc se restreindre à $|\mu| \leqq 1$;

on a $\mu = I(k_1,\dots,k_n)$ où $k_j \in \mathbb{Z}$ pour $1 \leqq j \leqq n$. Quand $|\mu| \leqq 1$, le point $(k_1,\dots,k_n)$ de $\mathbb{Z}^n$ vérifie $|I(k_1,\dots,k_n| \leqq 1$; on a, d'autre part, si D est le diamètre de K, $|L_j(k_1,\dots,k_n)| \leqq D$ $(1 \leqq j \leqq n-1)$. Ces n inégalités ne peuvent être satisfaites que par un nombre fini de points de $\mathbb{Z}^n$ et donc il n'y a qu'un nombre fini de différences $\lambda-\lambda'$ telles que $|\lambda-\lambda'| \leqq 1$.

Mesures associées à un ensemble.

THEOREME 7. Soit K un compact de $\mathbb{R}^{n-1}$ dont la frontière est de mesure de Lebesgue nulle ; Λ et Λ_ε sont définis à l'aide de K et K_ε comme ci-dessus. A tout $\varepsilon > 0$ on peut associer une mesure complexe μ_ε telle que

1) $\sup\limits_{-\infty<x<+\infty} \int_x^{x+1} d|\mu_\varepsilon|(t) < +\infty$

2) $\mathcal{F}\mu_\varepsilon = \sum\limits_{\lambda\in\Lambda} \delta(x-\lambda) + R_\varepsilon(x)$

3) $R_\varepsilon(x) = \sum\limits_{\lambda\in\Lambda_\varepsilon\setminus\Lambda} \alpha(\lambda)\delta(x-\lambda)$ et $0 \leqq \alpha(\lambda) \leqq 1$

4) $\overline{\lim\limits_{T\to+\infty}} \frac{1}{2T}\int_{-T}^{T} d|R_\varepsilon(x)| \to 0 \quad (\varepsilon \to 0).$

Cela signifie que la transformée de Fourier de μ_ε est la somme des masses unités placées en chaque point de Λ et d'un terme d'erreur. Ce terme d'erreur est formé de masses comprises entre 0 et 1 et placées sur $\Lambda_\varepsilon\setminus\Lambda$. En moyenne, les masses du terme d'erreur peuvent être rendues arbitrairement petites.

Passons à la démonstration. Nous allons d'abord définir la fonction α que l'on va étendre à tout Λ_ε en posant $\alpha(\lambda) = 1$ si $\lambda \in \Lambda$. Soit φ une fonction indéfiniment dérivable sur $\mathbb{R}^{n-1}$, égale à 1 sur K, à 0 hors de K_ε.

Soit

$$\alpha(\lambda) = \varphi[L_1(k_1,\dots,k_n),\dots,L_{n-1}(k_1,\dots,k_n)]$$

si $\lambda = a_1k_1+\dots+a_nk_n$; $k_j \in Z$ $(1 \leq j \leq n)$.

Soit enfin β la fonction définie sur $\mathbb{R}^n$ par

$$\beta(x_1,\dots,x_n) = \varphi[L_1(x_1,\dots,x_n),\dots,L_{n-1}(x_1,\dots,x_n)] .$$

Posons $\nu = \sum_{\lambda\in\Lambda_\varepsilon} \alpha(\lambda)\delta(x-\lambda)$ et calculons $\mathcal{F}\nu$! Soit $f(x)$ une fonction indéfiniment dérivable d'une variable réelle, à support compact (une fonction test).

On a

$$\int_{\mathbb{R}} f(x)d\nu(x) = \sum_{\mathbb{Z}^n} \beta(k_1,\dots,k_n)f(a_1k_1+\dots+a_nk_n) .$$

La fonction $\beta(x_1,\dots,x_n)f(a_1x_1+\dots+a_nx_n)$ est à décroissance rapide et a pour transformée de Fourier la fonction à décroissance rapide

$$\rho(x_1,\dots,x_n) = (\det L)^{-1}\hat{\varphi}(L_1^*,L_2^*,\dots,L_{n-1}^*)\hat{f}(L_n^*)$$

où $L = (L_1,\dots,L_{n-1},I)$ et où l'endomorphisme de L^* de $\mathbb{R}^n$, défini par $L^*(x_1,\dots,x_n) = (L_1^*(x_1,\dots,x_n),\dots,L_n^*(x_1,\dots,x_n))$, est l'inverse de l'adjoint de L.

La formule de Poisson relative à $\mathbb{Z}^n$ donne alors

$$\int_{\mathbb{R}} f(x)d\nu(x) = \sum_{\mathbb{Z}^n} \rho(k_1,\dots,k_n) = \int_{\mathbb{R}} \hat{f}\, d\mu$$

où μ est la mesure discrète donnant au point $L_n^*(k_1,\dots,k_n)$ la masse $(\det L)^{-1}\hat{\varphi}(L_1^*,\dots,L_{n-1}^*)(k_1,\dots,k_n)$. On a

$$\int_x^{x+1} d|\mu(t)| = (\det L)^{-1} \sum |\hat{\varphi}|(L_1^*,\ldots,L_{n-1}^*)$$

où la somme est étendue à tous les éléments X de $\mathbb{Z}^n$ tels que $L_n^*(X)$ appartienne à $[x,x+1]$. Soit θ la fonction caractéristique de $[0,1]$. Alors

$$\int_x^{x+1} d|\mu(t)| = (\det L)^{-1} \sum |\hat{\varphi}|(L_1^*,\ldots,L_{n-1}^*)\theta(L_n^*-x) .$$

Puisque les formes $L_1^*,\ldots,L_n^*$ forment une base du dual de $\mathbb{R}^n$, il y a un ξ dans $\mathbb{R}^n$ tel que $L_1^*(\xi) =\ldots= L_{n-1}^*(\xi) = 0$, $L_n^*(\xi) = x$. Appelons ω la fonction, définie sur $\mathbb{R}^n$ par $\omega = (\det L)^{-1}|\hat{\varphi}|(L_1^*,\ldots,L_{n-1}^*)\theta(L_n^*)$. Avec cette notation,

$$\int_x^{x+1} d|\mu(t)| = \sum_{X\in\mathbb{Z}^n} \omega(X-\xi) .$$

La décroissance rapide de ω entraîne

$$\sup_{\xi\in\mathbb{R}^n} \sum_{X\in\mathbb{Z}^n} \omega(X-\xi) < +\infty \quad \text{et donc} \quad \sup_{x\in\mathbb{R}} \int_x^{x+1} d|\mu(t)| < +\infty .$$

Soit à prouver 4). Nous avons besoin de l'étape suivante : soit U un compact de $\mathbb{R}^{n-1}$, Λ_U le modèle associé à U et L . Ordonnons $\Lambda_U \cap [0,+\infty]$ en une suite croissante $(\lambda_k)_{n\geqq 1}$ et posons $\overline{\text{dens}}\,\Lambda_U = \overline{\lim}\,\frac{k}{\lambda_k}$.

<u>LEMME</u>. <u>On a</u>

$$\overline{\text{dens}}\,\Lambda_U \leqq (\det L)^{-1} \text{ mes } U .$$

En effet, soit $\varphi(x)$ une fonction positive d'intégrale égale à 1, indéfiniment dérivable, à support compact. Alors, parce que R_ε est une mesure positivo,

$$\overline{\text{dens}}\ \Lambda_U \leqq \lim_{T\to+\infty} \frac{1}{2T}\int_{-T}^{T} (\hat{\mu}_\varepsilon * \varphi)dx = \mu_\varepsilon\{0\} .$$

La dernière égalité est due à un théorème de Wiener appliqué à la mesure bornée $\hat{\varphi}(-x)d\mu_\varepsilon(x)$.

En passant à la limite quand ε tend vers 0, on obtient le lemme.

Soit alors $U = \overline{K_\varepsilon \setminus K}$. On a $\overline{\text{dens}}(\Lambda_\varepsilon \setminus \Lambda) \leqq (\det L)^{-1}\text{mes}(\overline{K_\varepsilon \setminus K})$ et la mesure de la frontière de K étant nulle, on a $\lim \overline{\text{dens}}(\Lambda_\varepsilon \setminus \Lambda) = 0$. Puisque les masses de R_ε sont comprises entre 0 et 1 et portées par $\Lambda_\varepsilon \setminus \Lambda$, 4) en résulte.

4.5. Application au problème de la répartition modulo 1.

Soit Λ un modèle défini par un compact K de $\mathbb{R}^{n-1}$ et un endomorphisme linéaire inversible L de $\mathbb{R}^n$ où $L = (L_1,\dots,L_{n-1},I)$. Rappelons que $I(x_1,\dots,x_n) = a_1x_1+\dots+a_nx_n$, les a_j, $1 \leqq j \leqq n$ étant indépendants sur $\mathbb{Z}$. Ordonnons $\Lambda \cap [0,+\infty[$ en une suite croissante $(\lambda_k)_{k\geqq 1}$ et par abus de langage, appelons K la fonction caractéristique du compact K et $\hat{K}$ sa transformée de Fourier. Enfin l'endomorphisme $L^* = (L_1^*,\dots,L_n^*)$ de $\mathbb{R}^n$ est l'adjoint de l'inverse de L.

<u>PROPOSITION</u> 1. <u>Si le nombre réel</u> x <u>peut être écrit</u> $L_n^*(k_1,\dots,k_n)$ <u>où</u> $k_j \in \mathbb{Z}$, $1 \leqq j \leqq n$, <u>alors</u>

$$\lim_{k\to+\infty} k^{-1}[\exp(2\pi i\lambda_1 x)+\dots+\exp(2\pi i\lambda_k x)] = \frac{\hat{K}(L_1^*(k_1,\dots,k_n),\dots,L_{n-1}^*(k_1,\dots,k_n))}{\text{mes } K}$$

<u>Sinon</u>

$$\lim_{k\to+\infty} k^{-1}[\exp(2\pi i\lambda_1 x)+\dots+\exp(2\pi i\lambda_k x)] = 0 .$$

C'est là une conséquence immédiate des théorèmes 6 et 7.

En particulier appelons, pour tout nombre réel x , $\|x\|$ le reste modulo 1 de x situé dans l'intervalle $[-\frac{1}{2},\frac{1}{2}[$.

PROPOSITION 2. Soit n un entier supérieur ou égal à 1. Soient $\theta_1,\ldots,\theta_n$ n nombres irrationnels et $\eta_1,\ldots,\eta_n$ n nombres réels non nuls tels que les $n+1$ nombres réels $1+\eta_1\theta_1+\ldots+\eta_n\theta_n$, $\eta_1,\ldots,\eta_n$, soient linéairement indépendants sur $\mathbb{Z}$. Soit $\lambda_k = k+\eta_1\|k\theta_1\|+\ldots+\eta_n\|k\theta_n\|$. Alors si $x = p_1\theta_1+\ldots+p_n\theta_n+q$, $p_1,\ldots,p_n$ et q étant des entiers relatifs,

$$\lim_{k\to\infty} k^{-1}[\exp(2\pi i\lambda_1 x)+\ldots+\exp(2\pi i\lambda_k x)] = \frac{\sin \pi(\eta_1 x+p_1)}{\pi(\eta_1 x+p_1)} \cdots \frac{\sin \pi(\eta_n x+p_n)}{\pi(\eta_n x+p_n)} .$$

Si au contraire, x n'est pas de cette forme

$$\lim_{k\to+\infty} k^{-1}[\exp(2\pi i\lambda_1 x)+\ldots+\exp(2\pi i\lambda_k x)] = 0 .$$

Cette proposition est une conséquence immédaite de la précédente car en écrivant chaque $\|k\theta_j\|$ sous la forme $k\theta_j - m_j$ à la condition que $|k\theta_j - m_j| \leqq \frac{1}{2}$ (il n'y a pas d'ambiguïté car θ_j est irrationnel), on voit que l'ensemble des λ_k est l'ensemble des éléments positifs d'un modèle.

PROPOSITION 3. Soit $(\theta_n)_{n\geqq 1}$ une suite de nombres irrationnels et $(\eta_n)_{n\geqq 1}$ une suite de nombres réels non nuls telle que $\sum_1^\infty |\eta_n| < +\infty$. Supposons que, pour toute valeur de l'entier n , les $n+1$ nombres réels $1+\eta_1\theta_1+\ldots+\eta_n\theta_n$, $\eta_1,\ldots,\eta_n$ soient linéairement indépendants sur $\mathbb{Z}$. Posons

$$\lambda_k = k + \sum_1^\infty \eta_n \|k\theta_n\| .$$

a) Si $x = q + p_1\theta_1 + \ldots + p_n\theta_n$,

$$\lim_{k\to+\infty} k^{-1}[\exp(2\pi i\lambda_1 x)+\ldots+\exp(2\pi i\lambda_k x)] = \prod_{1\leq j\leq n} \frac{\sin \pi(\eta_n x+p_j)}{\pi(\eta_j x+p_j)} \prod_{n+1}^{\infty} \frac{\sin \pi\eta_j x}{\pi\eta_j x}$$

(nous excluons le cas évident où $x=0$).

b) Si pour aucune valeur de l'entier n , x ne s'écrit $q + p_1\theta_1 + \ldots + p_n\theta_n$ ($p_1,\ldots,p_n$ et q entiers relatifs), alors

$$\lim_{k\to+\infty} k^{-1}[\exp(2\pi i\lambda_1 x)+\ldots+\exp(2\pi i\lambda_k x)] = 0 .$$

Appelons, en effet $\Pi(x)$ le produit infini qui figure au second membre de a) et, pour tout entier m , appelons $\Pi_m(x)$ le produit des m premiers termes de $\Pi(x)$.

Pour tout $\varepsilon > 0$, il y a un entier m tel que $|\Pi(x) - \Pi_m(x)| \leqq \varepsilon/3$ et que $\sum_{m+1}^{\infty} |\eta_n| \leqq \varepsilon/6\pi|x|$. Posons $\lambda_{k,m} = k + \sum_1^m \eta_n \|k\theta_n\|$. On a alors

$$|k^{-1}[\exp(2\pi i\lambda_1 x)+\ldots+\exp(2\pi i\lambda_k x)] - k^{-1}[\exp(2\pi i\lambda_{1,m} x)+\ldots+\exp(2\pi i\lambda_{k,m} x)]| \leqq \frac{\varepsilon}{3} ;$$

Mais $|\Pi(x) - \Pi_m(x)| \leqq \varepsilon/3$. Ainsi, pour $k \geqq K$

$$|k^{-1}[\exp(2\pi i\lambda_1 x)+\ldots+\exp(2\pi i\lambda_k x)] - \Pi(x)| \leqq \varepsilon .$$

La seconde partie de la proposition 3 se prouve de façon analogue.

THEOREME 8. Pour tout $\varepsilon > 0$ il existe une suite $(\lambda_k)_{k\geqq 1}$ de nombres réels telle que $|\lambda_k - k| \leqq \varepsilon$ et que $(x\lambda_k)_{k\geqq 1}$ soit équirépartie modulo 1 si et seulement si le nombre réel x est transcendant.

Soit en effet $\mathcal{A}$ l'espace vectoriel sur $\mathbb{Q}$ formé des nombres algébriques. Soit $1, \theta_1, \theta_2, \dots, \theta_n, \dots$ une base de $\mathcal{A}$ sur $\mathbb{Q}$. Les θ_n sont donc irrationnels. Soit η un nombre transcendant appartenant à l'intervalle $]0, \frac{\varepsilon}{1+\varepsilon}[$. Posons $\lambda_k = k + \sum_1^\infty \eta^n \|k\theta_n\|$. Les hypothèses de la proposition 3 sont satisfaites et le théorème 8 résulte du critère de Weyl.

4.6. Répartition modulo 1 pour des suites d'entiers.

THEOREME 9. *Soit $\mathcal{K}$ un corps contenant $\mathbb{Q}$, contenu dans $\mathbb{R}$, de dimension finie ou dénombrable sur $\mathbb{Q}$ (par exemple le corps de tous les nombres algébriques). Il existe une suite $(\lambda_k)_{k\geqq 1}$ d'entiers telle que pour tout nombre réel x, les deux conditions suivantes soient équivalentes*

a) *$(x\lambda_k)_{k\geqq 1}$ est une suite équirépartie modulo 1.*

b) *x n'appartient pas à $\mathcal{K}$.*

Le théorème résulte simplement du critère de H. Weyl et de la proposition suivante.

PROPOSITION 4. *Soient $\theta_1, \dots, \theta_j, \dots$ des nombres réels non nuls, $\eta_1, \dots, \eta_j, \dots$ des nombres réels non nuls tels que $\sum_1^\infty |\eta_j| < +\infty$. Si le nombre réel positif θ dépasse $1 + \sum_1^\infty |\eta_j|$, la suite λ_k des parties entières de $\theta k + \sum_1^\infty \eta_j \|\theta_j k\|$ a la propriété que*

a) *si $p, p_1, \dots, p_n, q$ sont des entiers relatifs, si $\xi = \theta^{-1}(p + p_1\theta_1 + \dots + p_n\theta_n)$ et $x = \xi + q$,*

$$m(\exp(2\pi i\lambda_k x)) = \frac{\sin \pi\xi}{\pi\xi} \prod_{1\leq j\leq n} \frac{\sin \pi(\eta_j\xi+p_j)}{\pi(\eta_j\xi+p_j)} \prod_{n+1} \frac{\sin \pi\eta_j\xi}{\pi\eta_j\xi}$$

b) <u>si</u> x <u>ne peut être écrit sous la forme</u> a),

$$m(\exp(2\pi i\lambda_k x)) = 0 .$$

(Si $(z_k)_{k\geq 1}$ est une suite de nombres complexes, $m(z_k) = \lim_{k\to+\infty} k^{-1}(z_1+\ldots+z_k)$).

Pour montrer ceci, il faut étendre la définition des modèles : soit n un entier supérieur à 1, $L_1,\ldots,L_{n-1},I$ n formes linéaires sur $\mathbb{R}^n$ formant une base de $\mathbb{R}^n$. Soit K un compact de $\mathbb{R}^{n-1}$, ε un nombre positif, K_ε l'ensemble des points de $\mathbb{R}^{n-1}$ dont la distance à K ne dépasse pas ε et Γ l'ensemble de tous les éléments γ de $\mathbb{Z}^n$ tels que le point de $\mathbb{R}^{n-1}$ de coordonnées $L_1(\gamma),\ldots,L_{n-1}(\gamma)$ appartienne à K_ε.

Nous ferons l'hypothèse que si γ et γ' sont deux éléments distincts de Γ, $I(\gamma)$ et $I(\gamma')$ sont différents ; lorsque $L_1,\ldots,L_{n-1}$ et I sont données cette condition est remplie dès que le diamètre de K est assez petit.

Soit alors Λ l'ensemble des λ_k définis par la proposition. Soit Λ_n l'ensemble des parties entières des sommes $\theta k + \sum_1^n \eta_j \|\theta_j k\|$. Nous allons montrer que, au sens de la densité, Λ_n approche Λ et nous allons déterminer la répartition modulo 1 des suites $(x\lambda_{n,k})_{k\geq 1}$ où $x \in \mathbb{R}$, $\lambda_{n,k} \in \Lambda_n$, grâce au fait que, si $\theta > 1 + |\eta_1|+\ldots+|\eta_k|+\ldots$, Λ_n est un modèle au sens élargi.

<u>LEMME</u>. <u>Soient</u> $p, p_1,\ldots,p_n, q$ <u>des entiers relatifs</u>,

$$\xi = \theta^{-1}(p+p_1\theta_1+\ldots+p_n\theta_n) \quad , \quad x = \xi+q .$$

Alors

$$m(\exp(2\pi i\lambda_{n,k}x)) = \frac{\sin \pi\xi}{\pi\xi} \prod_{1}^{n} \frac{\sin \pi(\eta_j\xi+p_j)}{\pi(\eta_j\xi+p_j)} .$$

Si, au contraire, x n'est pas de cette forme, $m(\exp(2\pi i\lambda_{n,k}x)) = 0$.

Ce lemme se démontre exactement comme en 4.5.

LEMME. Lorsque n tend vers l'infini, les densités supérieures de $\Lambda\setminus\Lambda_n$ et de $\Lambda_n\setminus\Lambda$ tendent vers 0.

Considérons par exemple $\Lambda\setminus\Lambda_n$. Supposons n assez grand pour que $\frac{1}{2}\sum_{n+1}^{\infty} |\eta_j| \leqq \varepsilon$; λ_k et $\lambda_{n,k}$ sont les parties entières de deux nombres réels différents de moins de ε ; si ces parties entières diffèrent, il existe un entier m tel que $|\lambda_k - m - \frac{1}{2}| \leqq \varepsilon$ et $|\lambda_{n,k} - m - \frac{1}{2}| \leqq \varepsilon$. Nous allons déterminer la densité de l'ensemble S_n des $\lambda_{n,k}$ de Λ_n pour lesquels il existe un entier m tel que $|\lambda_{n,k} - m - \frac{1}{2}| \leqq \varepsilon$; en explicitant $\lambda_{n,k}$ on voit que S_n est un modèle dont la densité vaut $2\varepsilon/\theta$. La densité de $\Lambda\setminus\Lambda_n$ ne dépasse donc pas $2\varepsilon/\theta$. Il en est de même pour celle de $\Lambda_n\setminus\Lambda$.

Fin de la preuve de la proposition. Si $x = \xi + q$ est défini par a), soit ε un nombre positif et h un entier assez grand pour que, en posant

$$\Pi(x) = \frac{\sin \pi\xi}{\pi\xi} \prod_{1\leqq j\leqq h} \frac{\sin \pi(\eta_j\xi+p_j)}{\pi(\eta_j\xi+p_j)} \prod_{h+1} \frac{\sin \pi\eta_j\xi}{\pi\eta_j\xi}$$

et en appelant $\Pi_h(x)$ le produit des $h+1$ premiers termes, on ait $|\Pi(x) - \Pi_h(x)| \leqq \varepsilon/3$. Prenons aussi h assez grand pour que les densités supérieures de $\Lambda\setminus\Lambda_h$ et $\Lambda_h\setminus\Lambda$ ne dépassent pas $\varepsilon/6$. On aura alors si $m \geqq m_0$ $\quad \left|\frac{1}{m}\sum_1^m \exp(2\pi i\lambda_j x) - \frac{1}{m}\sum_1^m \exp(2\pi i\lambda_{h,j}x)\right| \leqq \frac{\varepsilon}{3}$

si $m \geqq m_1$ $\quad \left|\frac{1}{m}\sum_1^m \exp(2\pi i\lambda_{h,j}x) - \Pi_h(x)\right| \leqq \frac{\varepsilon}{3}$

et $\quad |\Pi_h(x) - \Pi(x)| \leqq \frac{\varepsilon}{3}$.

D'où $\left|\frac{1}{m}\sum_1^m \exp(2\pi i\lambda_j x) - \Pi(x)\right| \leqq \varepsilon$ dès que m est assez grand. Pour montrer le théorème 9, on choisit une base $1, \frac{1}{\theta}, \frac{\theta_1}{\theta}, \ldots, \frac{\theta_j}{\theta}, \ldots$ de $\mathfrak{K}$ sur $\mathbb{Q}$ et l'on prend pour $(\eta_j)_{j\geqq 1}$ une suite de nombres réels n'appartenant pas à $\mathfrak{K}$ et telle que $\sum_1^\infty |\eta_j| < +\infty$; ces choix ont pour conséquence que si x appartient à $\mathfrak{K}$, il existe un entier u tel que ux s'écrive $\theta^{-1}(p + p_1\theta_1 + \ldots + p_n\theta_n) + q$ et que $m(\exp(2\pi iu\lambda_k x))$ soit alors différent de 0. Si x appartient à $\mathfrak{K}$, la suite $(x\lambda_k)_{k\geq 1}$ ne peut être équirépartie modulo 1 (critère de H. Weyl).

§5. Un espace de fonctions continues.

5.1. Introduction. Soit θ un nombre irrationnel supérieur à 1. Pour tout entier relatif n soit $\{n\theta\}$ l'entier m défini par $|n\theta - m| \leqq \frac{1}{2}$. Appelons $\mathcal{C}_\Lambda$ l'espace des fonctions, à valeurs complexes, continues sur la droite réelle, périodiques de période 1, dont la série de Fourier s'écrit

$$\sum_{-\infty}^{+\infty} a_n \exp(2\pi i \{n\theta\}).$$

Les fonctions de $\mathcal{C}_\Lambda$ ont des propriétés remarquables de prolongement qui rappellent celles des classes quasi-analytiques.

THEOREME 1. Dès qu'une fonction f de $\mathcal{C}_\Lambda$ est connue (resp. continuement dérivable, analytique réelle) sur un ouvert Ω de $]0,1[$ de mesure supérieure à $\frac{1}{\theta}$, f est connue (resp. continuement dérivable, analytique) sur toute la droite réelle

THEOREME 2. Au contraire soit K un ensemble compact de points de $[0,1]$ de mesure inférieure à $\frac{1}{\theta}$. On peut trouver une fonction non nulle de $\mathcal{C}_\Lambda$ égale à 0 sur K.

5.2. Deux propriétés de $\mathcal{C}_\Lambda$ sont évidentes : $\mathcal{C}_\Lambda$ est invariant par translation et $\mathcal{C}_\Lambda$ est un espace de Banach pour la norme $\|f\| = \sup_{0 \leqq x \leqq 1} |f(x)|$.

Pour montrer le théorème 1, nous utiliserons une formule explicite de prolongement analogue à la formule de Poisson relative aux fonctions harmoniques.

PROPOSITION 1. Soit Ω un ouvert de $]0,1[$ de mesure supérieure à $\frac{1}{\theta}$. Il existe une constante A et pour tout t réel une mesure complexe bornée μ_t de support

<u>contenu dans</u> Ω <u>telle que</u>

a) $\|\mu_t\| \leq A$

b) <u>pour tout</u> f <u>de</u> $\mathcal{C}_\Lambda$ $f(t) = \int_\Omega f(x)d\mu_t(x)$.

Avant de prouver la proposition 1, montrons pourquoi elle entraîne le théorème 1.

En premier lieu si un élément f de $\mathcal{C}_\Lambda$ est nul sur Ω, d'après b) il sera partout nul. Si deux éléments de $\mathcal{C}_\Lambda$ sont égaux sur Ω, ils sont partout égaux.

Soit f un élément de $\mathcal{C}_\Lambda$ continuement dérivable sur un ouvert Ω de $]0,1[$ de mesure supérieure à $1/\theta$ et soit Ω' une réunion finie d'intervalles fermés qui soit contenue dans Ω et de mesure supérieure à $1/\theta$. Sur Ω' les fonctions de $\mathcal{C}_\Lambda$, $g_t(x) = t^{-1}[f(x+t)-f(x)]$ convergent uniformément vers $f'(x)$ quant t tend vers 0 ; grâce à b), il y a convergence uniforme sur tout $\mathbb{R}$ et f est continuement dérivable sur $\mathbb{R}$.

De même si la fonction f de $\mathcal{C}_\Lambda$ est k-fois continuement dérivable sur un ouvert Ω de $]0,1[$ de mesure supérieure à $1/\theta$, f est k-fois continuement dérivable sur tout $\mathbb{R}$ et

$$\sup_{-\infty<x<+\infty} |f^{(k)}(x)| \leq A \sup_{x\in\Omega} |f^{(k)}(x)| .$$

Supposons que la fonction f de $\mathcal{C}_\Lambda$ est analytique sur Ω. Soit Ω' comme ci-dessus. Les inégalités $|f^{(k)}(x)| \leq C^k k!$ sur Ω' entraînent les inégalités

$|f^{(k)}(x)| \leqq AC^k k!$ sur $\mathbb{R}$ et f est analytique sur $\mathbb{R}$.

On a également

THEOREME 3. *Soit* θ *un nombre irrationnel supérieur à* 1 *et* $f(z) = \sum_0^\infty a_n z^{\{n\theta\}}$ *une série de Taylor de rayon de convergence égal à* 1. *Soit* K *l'ensemble des points* z *de module égal à* 1 *où* $f(z)$ *ne peut être prolongée analytiquement. Alors la mesure linéaire de* K *est supérieure ou égale à* $2\pi(1-\frac{1}{\theta})$.

Si en effet $f(z)$ était prolongeable analytiquement sur un ouvert U du cercle unité de mesure dépassant $2\pi/\theta$ on appellerait U' une réunion finie d'intervalles fermés contenus dans U qui soit de mesure supérieure à $2\pi/\theta$. Sur le compact K du disque unité défini par $z \in |z|U'$, on a $|f^{(k)}(z)| \leqq C^k k!$. Soit Ω l'ensemble des nombres réels x de $[0,1]$ tels que $\exp(2\pi i x)$ appartienne à U'. La fonction $f(re^{ix}) = g_r(x)$ vérifie sur Ω les inégalités $|g_r^{(k)}(x)| \leqq B^k k!$. On a donc pour tout x réel $|g_r^{(k)}(x)| \leqq AB^k k!$. Les coefficients de Fourier $a_n(2\pi i)^k\{n\theta\}^k r^n$ de $g_r^{(k)}(x)$ sont majorés par $\sup_{0 \leqq x \leqq 1} |g_r^{(k)}(x)|$ et l'on en déduit que, pour tout $k \geqq 0$, $n^k|a_n| \leqq C_1^k k!$. En choisissant pour k le plus grand entier inférieur à $n/2C_1$, on obtient $|a_n| \leqq \alpha^n$ où $0 < \alpha < 1$. Cela montre que le rayon de convergence de $f(z)$ est supérieur à 1 contrairement à l'hypothèse.

5.3. Soit I un intervalle compact de nombres réels. La transformée de Fourier, notée $\hat{S}$, d'une distribution S de support contenu dans I est une fonction continue sur $\mathbb{R}$ et définie par $\hat{S}(u) = \int \exp(-2\pi iux)S(x)dx$.

La preuve de la proposition 1 repose sur un corollaire (le théorème 4) d'un théorème de Paley et Wiener.

THEOREME 4. *Soit* Σ *un ensemble de nombres réels ayant les deux propriétés suivantes*

a) $\inf\{|s-s'| , s \in \Sigma , s' \in \Sigma , s \neq s'\} > 0$

b) Σ *a une densité uniforme* d *(pour tout* $\varepsilon > 0$ *il existe un* $T > 0$ *tel que pour tout intervalle* J *, de longueur* $|J| > T$ *on ait*

$$\left|\frac{\mathrm{Card}(J \cap \Sigma)}{|J|} - d\right| \leqq \varepsilon)$$

Soit I *un intervalle de longueur* $|I| < d$. *Il existe une constante* A *telle que pour toute distribution* S *de support contenu dans* I *on ait*

$$\sup_{x \in \mathbb{R}} |\hat{S}(x)| \leqq A \sup_{x \in \Sigma} |\hat{S}(x)| . \tag{1}$$

Au contraire soit I *un intervalle de longueur supérieure à* d . *Alors il existe une distribution* S , *non nulle, dont le support est contenu dans* I *et dont la transformée de Fourier est nulle sur* Σ .

Habituellement la première partie du théorème 4 est énoncée sous la forme suivante : il n'existe aucune distribution S non nulle de support contenu dans I telle que $\hat{S} = 0$ sur Σ . Nous allons voir que grâce à l'hypothèse faite sur

Σ , (1) a lieu. Nous utiliserons le lemme suivant

<u>LEMME</u> 1. <u>Soit</u> Σ <u>un ensemble de nombres réels ayant les propriétés</u> a) <u>et</u> b) <u>et</u> $(x_n)_{n\geq 1}$ <u>une suite de nombres réels. On peut trouver une sous suite</u> $(x'_n)_{n\geq 1}$ <u>extraite de la suite des</u> $(x_n)_{n\geq 1}$ <u>et un ensemble</u> Σ' <u>de nombres réels vérifiant</u> a) <u>et</u> b), <u>de même densité que</u> Σ , <u>tels que pour tout</u> $s \in \Sigma'$ <u>la distance de</u> $s-x'_n$ <u>à</u> Σ <u>tende vers</u> 0.

La preuve, très élémentaire, du lemme est laissée au lecteur. Soit, pour montrer (1), $\mathcal{H}$ l'ensemble des distributions S de support contenu dans I et telles que $\sup_{x\in\mathbb{R}} |\hat{S}(x)| \leq 1$; ces distributions définissent des formes linéaires continues sur l'espace de Banach E des fonctions de classes $\mathcal{C}^2$ sur $I+[-\varepsilon,\varepsilon]$ ($\varepsilon > 0$ est fixé une fois pour toutes) ; $\mathcal{H}$ est une partie fermée et bornée du dual de E et donc métrisable et compacte pour la topologie de la convergence simple sur E . On en déduit aussitôt que l'ensemble $\mathcal{K}$ de toutes les transformées de Fourier $\hat{S}$ des éléments S de $\mathcal{H}$ est un ensemble compact de fonctions continues sur $\mathbb{R}$ pour la topologie de la convergence uniforme sur tout compact. D'autre part $\mathcal{K}$ est invariant par translation. Supposons que (1) soit en défaut pour les distributions S de support contenu dans I telles que $\sup_{x\in\mathbb{R}} |\hat{S}(x)| < +\infty$. Soit $(f_n)_{n\geq 1}$ une suite d'éléments de $\mathcal{K}$ telle que $\sup_{x\in\mathbb{R}} |f_n(x)| = 1$ et $\sup_{x\in\Sigma} |f_n(x)| \leq \frac{1}{n}$. Il existe une suite $(x_n)_{n\geq 1}$ de nombres réels telle que $|f_n(x_n)| \geq \frac{1}{2}$. Quitte à extraire des sous suites, nous pouvons supposer que les éléments g_n de $\mathfrak{X}$ définis par $g_n(x) = f_n(x-x_n)$ convergent uniformément sur tout compact vers un élément g de $\mathfrak{X}$ et qu'il existe un ensemble Σ' de nombres réels, décrit par le lemme 1, tel que, pour tout $s \in \Sigma'$, la distance de $s-x_n$ à Σ tende vers 0. Les fonctions g_n étant uniformément équicontinues sur tout $\mathbb{R}$, on a $g(s) = 0$ pour tout $s \in \Sigma'$ cependant que $g(0) \neq 0$ et g est la transformée de Fourier d'une distribution S de support contenu dans I, non nulle, telle que $\hat{S}$ s'annule sur Σ'. C'est impossible en vertu du théorème de Paley et Wiener.

5.4. Preuve de la proposition 1 (suite). Soit $\alpha(x)$ la fonction d'une variable réelle égale à $\sup(0,1-|x|)$ et soit $\hat{\alpha}$ la transformée de Fourier de α.

PROPOSITION 2. *Soit μ la mesure (discrète) sur $[0,1[$ chargeant le point $\frac{p}{\theta}+q$, $p \in \mathbb{Z}$, $q \in \mathbb{Z}$, $0 \leq \frac{p}{\theta}+q < 1$, de la masse $\frac{1}{\theta}\hat{\alpha}(\frac{p}{\theta})$. La transformée de Fourier de μ vaut 0 hors de Λ et est strictement positive en chaque point de Λ.*

En effet

$$\hat{\mu}(n) = \sum_{-\infty}^{+\infty} \frac{1}{\theta}\hat{\alpha}(\frac{p}{\theta})\exp(-2\pi i\frac{np}{\theta}) = \sum_{k=-\infty}^{+\infty} \alpha(k\theta+n) \quad \text{(Formule de Poisson).}$$

Si n n'appartient pas à Λ, pour tout $k \in \mathbb{Z}$ on a $|n+k\theta| > \frac{1}{2}$ et $\hat{\mu}(n) = 0$. Si $n \in \Lambda$, $\hat{\mu}(n) > 0$.

PROPOSITION 3. *Soit K un compact de $[0,1]$. Il existe une constante A telle que pour toute fonction $f(x)$ de $\mathcal{C}_\Lambda$ on ait*

(2) $$\sup_{-\infty<x<+\infty} |f(x)| \leqq A \sup_{x\in K} |f(x)|$$

<u>si et seulement si il existe une constante</u> A , <u>une partie dense</u> D <u>dans</u> $[0,1]$ <u>telles que pour tout</u> $t \in D$ <u>il existe une mesure</u> σ_t <u>portée par</u> K <u>et vérifiant</u> $\|\sigma_t\| \leqq A$ <u>et</u> $\hat{\sigma}_t(n) = \exp(-2\pi int)$ <u>pour tout</u> $n \in \Lambda$.

La proposition 3 est immédiate. Si par exemple la seconde condition est satisfaite, soit $P(x) = \sum_{\lambda\in\Lambda} a_\lambda \exp(2\pi i\lambda x)$ une somme finie. On a, si $t \in D$,

$$P(t) = \sum_{\lambda\in\Lambda} a_\lambda \hat{\sigma}_t(-\lambda) = \int_K P(x)d\sigma_t(x)$$

et donc

$$|P(t)| \leqq A \sup_{x\in K} |P(x)| .$$

Par continuité on obtient $\sup_{0\leqq x\leqq 1} |P(x)| \leqq A \sup_{x\in K} |P(x)|$. Les sommes finies $P(x)$ sont denses dans $\mathcal{C}_\Lambda$ et (2) est prouvé. D'autre part (2) implique la seconde partie avec $D = [0,1]$. Soit p l'application canonique de $\mathbf{R}$ sur le quotient $\mathbf{R}/\mathbf{Z}$. Si μ est une mesure bornée sur $\mathbf{R}$, $p(\mu)$ désigne la mesure image portée par $\mathbf{R}/\mathbf{Z}$; p définit alors un isomorphisme entre mesures portées par $[0,1[$ et mesures sur $\mathbf{R}/\mathbf{Z}$.

<u>COROLLAIRE. Soit</u> σ <u>une mesure complexe portée par</u> $[0,1[$ <u>et</u> $t \in [0,1[$. <u>Les conditions</u> a) <u>et</u> b) <u>sont équivalentes</u>

a) <u>pour tout</u> n <u>dans</u> Λ $\hat{\sigma}(n) = \exp(-2\pi int)$

b) $p(\sigma) * p(\mu) = p(\mu) * \delta(x - p(t))$

(μ est la mesure portée par $[0,1[$ définie par la proposition 2 et $\delta(x-p(t))$ est la masse 1 au point $p(t)$ de $\mathbf{T}$).

En effet les coefficients de Fourier des deux membres de b) sont respectivement $\hat{\sigma}(n)\hat{\mu}(n)$ et $\hat{\mu}(n)\exp(-2\pi i n t)$. L'égalité de ces coefficients équivaut à a).

<u>PROPOSITION</u> 4. <u>Soit</u> H <u>le sous-groupe</u> $\theta^{-1}\mathbf{Z}+\mathbf{Z}$ <u>de</u> $\mathbf{R}$. <u>Si</u> $t \in H$, <u>la mesure</u> σ <u>vérifie</u> a) <u>si et seulement si la restriction</u> σ_1 <u>de</u> σ <u>à</u> H <u>vérifie</u>

c) $p(\sigma_1) * p(\mu) = p(\mu) * \delta(x-p(t))$.

(<u>Les produits de convolution sont calculés dans</u> $\mathbf{R}/\mathbf{Z}$).

Ecrivons en effet $\sigma = \sigma_1 + \sigma_2$ où σ_1 est portée par H et σ_2 est étrangère à H. Alors $p(\sigma) = p(\sigma_1) + p(\sigma_2)$ où $p(\sigma_1)$ est portée par $p(H)$ et $p(\sigma_2)$ est étrangère à $p(H)$. Mais $p(\mu)$ est aussi portée par $p(H)$ de même que $p(\mu) * \delta(x-p(t))$. On a

$$p(\sigma) * p(\mu) = p(\sigma_1) * p(\mu) + p(\sigma_2) * p(\mu)$$

où le premier terme du membre de droite est porté par $p(H)$ et le second lui est étranger ; b) entraîne $p(\sigma_1) * p(\mu) = p(\mu) * \delta(x-p(t))$ et $p(\sigma_2) * p(\mu) = 0$.

La mesure $p(\sigma_1)$ s'écrit

$$\sum_{-\infty}^{+\infty} \rho(n)\delta(x-p(\tfrac{n}{\theta})) \qquad \text{où} \qquad \sum_{-\infty}^{+\infty} |\rho(n)| < +\infty ,$$

$p(\mu)$ s'écrit

$$\sum_{-\infty}^{+\infty} \frac{1}{\theta}\, \hat{\alpha}(\tfrac{n}{\theta})\delta(x-p(\tfrac{n}{\theta}))$$

et enfin $p(t) = p(\frac{n_o}{\theta})$.

L'équation c) devient, en calculant les masses des deux membres en $p(\frac{n}{\theta})$,

$$\sum_{-\infty}^{+\infty} \rho(n-k) \frac{1}{\theta} \hat{\alpha}(\frac{k}{\theta}) = \rho(n+n_o)$$

et en passant aux transformées de Fourier on obtient

$$\alpha(\theta x) \sum_{-\infty}^{+\infty} \rho(n)\exp(2\pi inx) = \exp(-2\pi in_o x) \sum_{-\infty}^{+\infty} \rho(n)\exp(2\pi inx).$$

On peut donc énoncer.

<u>PROPOSITION</u> 5. <u>Soit</u> H <u>le sous-groupe</u> $\theta^{-1}\mathbf{Z}+\mathbf{Z}$ <u>de</u> $\mathbf{R}$. <u>Si</u> $t = \frac{n_o}{\theta} + m_o$, <u>si la mesure</u> σ_t, <u>portée par</u> $[0,1[$ <u>vérifie, pour tout</u> f <u>de</u> $\mathcal{C}_\Lambda$

1) $f(t) = \int_0^1 f(x)d\sigma_t(x)$

<u>alors la restriction</u> σ_1 <u>de</u> σ <u>à</u> H <u>s'écrit</u>

2) $\sigma_1 = \sum_{-\infty}^{+\infty} \rho(n)\delta(x-\frac{n}{\theta}-m)$ <u>où</u> $0 \leqq \frac{n}{\theta}+m < 1$

<u>et où</u>

3) $\sum_{-\infty}^{+\infty} \rho(n)\exp(2\pi inx) = \exp(-2\pi in_o x)$ <u>si</u> $|x| \leqq \frac{1}{2\theta}$.

<u>Réciproquement si</u> σ_1 <u>est défini par</u> 2) <u>et si</u> ρ <u>vérifie</u> 3) <u>alors</u> $\sigma_1 = \sigma_t$ <u>convient pour</u> 1) <u>si</u> $t = \frac{n_o}{\theta} + m_o$.

Si l'on veut que σ soit portée par un compact K de $[0,1]$, il est nécessaire que σ_1 soit portée par K. Soit Λ' l'ensemble des entiers n pour lesquels on peut trouver un entier m tel que $\frac{n}{\theta} + m$ appartienne à K ; σ_1 est portée par K si et seulement si ρ est portée par Λ'. Enfin

$$\sum_{-\infty}^{+\infty} |\rho(n)| \leqq \|\sigma\|.$$

Nous allons enfin transformer la condition 3) de la proposition 5.

LEMME 2. Soit Λ' un ensemble d'entiers et I l'intervalle $[-\frac{1}{2\theta},\frac{1}{2\theta}]$. Les deux conditions suivantes sont équivalentes :

a) il existe une constante A telle que pour tout $n_0 \in \mathbb{Z}$ il existe un élément ρ de ℓ^1 porté par Λ' et vérifiant $\hat{\rho}(x) = \exp(-2\pi i n_0 x)$ sur I et

$$\sum_{-\infty}^{+\infty} |\rho(n)| \leqq A$$

b) il existe une constante A telle que pour toute distribution S portée par I telle que $\sup_{x\in\mathbb{R}} |\hat{S}(x)| < +\infty$ on ait

$$\sup_{x\in\mathbb{R}} |\hat{S}(x)| \leqq A \sup_{x\in\Lambda'} |\hat{S}(x)| .$$

Vérifions par exemple que a) entraîne b). Soit S portée par I telle que $\sup_{x\in\mathbb{R}} |\hat{S}(x)| < +\infty$. Un intervalle est un ensemble de synthèse spectrale et les distributions S portées par I sont en dualité avec les restrictions à I des transformées de Fourier des mesures bornées ; on a donc, pour tout entier n,

$$\hat{S}(n) = \int_I S(x)\exp(-2\pi i n x) = \int_{\mathbb{R}} \hat{S}(x)d\rho(x) = \sum_{k\in\Lambda'} \hat{S}(k)\rho(k) .$$

D'où

$$|\hat{S}(n)| \leqq A \sup_{k\in\Lambda'} |\hat{S}(k)| .$$

L'intervalle $[-\frac{1}{2\theta},\frac{1}{2\theta}]$ est strictement contenu dans $[-1,1]$ et il est alors classique qu'il existe une constante B telle que pour toute distribution S portée par $[-\frac{1}{2\theta},\frac{1}{2\theta}]$ on ait $\sup_{x\in\mathbb{R}} |\hat{S}(x)| \leqq B \sup_{k\in\mathbb{Z}} |\hat{S}(k)|$.

5.5. <u>Démonstration de la proposition</u> 1 (<u>suite et fin</u>).

<u>Première partie.</u> Soit K une réunion finie d'intervalles fermés, $K \subset \Omega$, $\text{mes } K > \frac{1}{\theta}$. Il nous suffira de prouver que, pour toute fonction f de $\mathscr{C}_\Lambda$,

$$\sup_{0 \leq x \leq 1} |f(x)| \leq A \sup_{x \in K} |f(x)| .$$

Nous allons, pour cela, appliquer le théorème 4 en montrant que l'ensemble Λ' des entiers $n \in \mathbb{Z}$ tels qu'il existe $m \in \mathbb{Z}$ avec $\frac{n}{\theta} + m \in K$ vérifie les conditions a) et b) du théorème 4.

<u>LEMME</u> 3. <u>L'ensemble</u> Λ' <u>défini ci-dessus a une densité uniforme égale à la mesure de</u> K.

Cela résulte des calculs, faits au chapitre 4, relatifs à la densité des modèles définis à l'aide d'un compact intégrable au sens de Riemann.

La première partie de la proposition 1 s'obtient en combinant le théorème 4, le lemme 2 et la proposition 5.

Montrons maintenant la <u>seconde partie</u>. Si la mesure de K est inférieure à $\frac{1}{\theta}$, on peut trouver une réunion finie d'intervalles fermés, K', contenant K, qui soit de mesure encore inférieure à $\frac{1}{\theta}$. Si l'on avait

$$\sup_{0 \leq x \leq 1} |f(x)| \leq A \sup_{x \in K'} |f(x)|$$

pour tout $f \in \mathscr{C}_\Lambda$, en employant à nouveau la proposition 5, le théorème 4 et le lemme 2 on en déduirait que la densité de Λ' dépasse $\frac{1}{\theta}$, ce qui n'est pas.

5.6. <u>Généralisation et nouvelle preuve du théorème.</u>

Soient a, b, α, β quatre nombres réels tels que

. a et b soient différents de zéro

. b/a soit irrationnel

. $\alpha b - b\alpha$ soit non nul.

Soit $\Gamma \subset \mathbb{Z}^2$ l'ensemble des couples $(m,n) \in \mathbb{Z}^2$ tels que $|am+bn| \leqq 1$ et Λ l'image de Γ par l'homomorphisme h de $\mathbb{R}^2$ dans $\mathbb{R}$ défini par $h(x,y) = \alpha x+\beta y$. Nous appellerons h^* l'homomorphisme dual de h, $h^*(x) = (\alpha x, \beta x)$.

Nous étudions l'espace vectoriel $\mathscr{C}_\Lambda$ composé des fonctions presque périodiques au sens de Bohr dont le spectre est contenu dans Λ.

En premier lieu quels sont les ensembles compacts K de nombres réels où sont "déterminées" les fonctions de $\mathscr{C}_\Lambda$?

THEOREME 5. *Soit $K \subset \mathbb{R}$ un compact intégrable au sens de Riemann. Si la mesure de K dépasse $1/|a\beta-\alpha b|$, il existe une constante A telle que pour tout élément f de $\mathscr{C}_\Lambda$ on ait*

$$\sup_{x\in\mathbb{R}} |f(x)| \leqq A \sup_{x\in K} |f(x)| . \tag{1}$$

Pour vérifier (1) il suffit d'établir (1) quand $f(x)$ est une somme finie $\sum_{\lambda\in\Lambda} a_\lambda \exp(2\pi i\lambda x)$ car ces sommes finies sont denses dans $\mathscr{C}_\Lambda$ pour la topologie de la convergence uniforme sur tout $\mathbb{R}$. D'autre part une telle somme $f(x)$ peut être écrite $P\circ h^*$ où P est défini sur $\mathbb{T}^2 = \mathbb{R}^2/\mathbb{Z}^2$ par

$$P(x,y) = \sum_{(m,n)\in\Gamma} c_{m,n} \exp 2\pi i(mx+ny) \ ;$$

appelons $\mathfrak{D}_\Lambda$ l'ensemble de ces sommes finies. Pour tout $(x_o,y_o) \in \mathbb{R}^2$ et tout $t \in \mathbb{R}$, on a

$$P(x_o+at,y_o+bt) = \sum_{(m,n)\in\Gamma} c'_{m,n} \exp 2\pi i(am+bn)t = g(t)$$

où

$$c'_{m,n} = c_{m,n} \exp 2\pi i(mx_o+ny_o) \ .$$

Cette fonction $g(t)$ est la transformée de Fourier d'une mesure dont le support est contenu dans $[-1,1]$. Soit Λ' l'ensemble des t tels que, modulo $\mathbb{Z}^2$, $(x_o+at,\ y_o+bt)$ appartienne à $L = h^*(K)$. On peut voir directement que Λ' est un "modèle" dont la densité est $|a\beta-\alpha b|$ mes K . Appliquant alors le théorème 3, on a

$$\sup_{t\in\mathbb{R}} |g(t)| \leqq A \sup_{t\in\Lambda'} |g(t)| \leqq A \sup_{(x,y)\in L} |P(x,y)| \ .$$

Mais lorsque t varie de $-\infty$ à $+\infty$, l'ensemble des points $h(t)$ de $\mathbb{T}^2$ est dense dans $\mathbb{T}^2$. On a donc $\sup_{t\in\mathbb{R}} |g(t)| = \sup_{(x,y)\in\mathbb{T}^2} |P(x,y)|$. Mais

$$\|f\|_\infty = \|P(x,y)\|_\infty \quad \text{et} \quad \sup_{x\in K} |f(x)| = \sup_{(x,y)\in L} |P(x,y)| \ .$$

Le théorème 5 est prouvé.

<u>THEOREME</u> 6. <u>Soit</u> $K \subset \mathbb{R}$ <u>un compact intégrable au sens de Riemann. Si</u> mes $K > 1/|a\beta-\alpha b|$, <u>il existe une constante</u> A <u>telle que, pour toute somme finie</u> $\sum_{\lambda\in\Lambda} a_\lambda \exp(2\pi i\lambda x)$ <u>on ait</u>

$$\sum_{\lambda\in\Lambda} |a_\lambda|^2 \leqq A \int_K |\sum_{\lambda\in\Lambda} a_\lambda \exp(2\pi i\lambda x)|^2 dx \ .$$

Soit en effet K' une réunion finie d'intervalles fermés telle que, pour un $\varepsilon > 0$, $K' + [-\varepsilon,\varepsilon] \subset K$ avec cependant $\text{mes}\, K' > 1/|a\beta-\alpha b|$. Soit g une fonction continue à support dans $[-\varepsilon,\varepsilon]$ et telle que $\|g\|_2 \leqq 1$. On a pour tout $x \in \mathbb{R}$,

$$|f*g|(x) \leqq A \sup_{t\in K'} |f*g|(t) \leqq A\left(\int_K |f|^2 dt\right)^{\frac{1}{2}} .$$

En prenant le sup en g, on obtient

$$\int_{x-\varepsilon}^{x+\varepsilon} |f|^2 dt \leqq A^2 \int_K |f|^2 dt$$

et donc

$$\sum_{\lambda\in\Lambda} |a_\lambda|^2 = \lim_{T\to+\infty} T^{-1} \int_0^T |f|^2 dt \leqq \frac{A^2}{2\varepsilon} \int_K |f|^2 dt .$$

<u>THEOREME</u> 7. <u>Soit</u> θ <u>un nombre irrationnel dépassant</u> 1 <u>et</u> Λ <u>l'ensemble des parties entières des nombres</u> $n\theta$, $-\infty < n < +\infty$, $n \in \mathbb{Z}$. <u>Soit</u> K <u>un ensemble compact de nombres réels compris entre</u> 0 <u>et</u> 1. <u>Si</u> $\text{mes}\, K < 1/\theta$, <u>toute fonction continue sur</u> K <u>peut se prolonger en une fonction continue à spectre dans</u> Λ.

Soit $\mathcal{C}(\mathbb{T})$ l'espace de Banach de toutes les fonctions, à valeurs complexes, continues sur $\mathbb{T}$ et ε le sous-espace fermé de $\mathcal{C}(\mathbb{T})$ composé des fonctions nulles sur K et soit Γ l'application de ε dans $\mathcal{C}(\mathbb{T})/\mathcal{C}_\Lambda$ définie par le passage au quotient.

<u>LEMME</u> 4. <u>Si</u> T <u>est surjective, le théorème</u> 7 <u>est prouvé.</u>

En effet cela signifie que pour toute fonction f 1-périodique il existe une fonction g nulle sur K et une fonction h de $\mathcal{C}_\Lambda$ telles que $f = g+h$.

Alors h est le prolongement cherché de la restriction de f à K.

LEMME 5. Soient E et F deux espaces de Banach, T une application linéaire continue de E dans F. Soit E' et F' les duals de E et F et T' la transposée de T. Supposons qu'il existe une constante $c > 0$ telle que pour tout $y' \in F'$ $\|T'y'\|_{E'} \geqq c\|y'\|_{F'}$. Alors T est surjective ([1] lemme 2, p.141).

Pour appliquer le lemme 5 au cas où $E = \varepsilon$, $F = \mathcal{C}(T)/\mathcal{C}_\Lambda$ on remarquera que E' est l'espace de Banach des restrictions à $[0,1]\setminus K$ des mesures complexes et que F' est l'espace de Banach des mesures dont le spectre est contenu dans $\Lambda' = \mathbb{Z}\setminus\Lambda$. On applique alors le résultat suivant :

LEMME 6. Soit $K \subset [0,1]$ un compact de mesure inférieure à $1/\theta$. Il existe une constante $c > 0$ telle que pour toute mesure μ sur $[0,1]$ à spectre dans Λ' on ait

$$\|\mu\| \leqq c \int_{[0,1]\setminus K} d|\mu| .$$

En effet soit $K_1 \subset [0,1]\, K$ un compact intégrable au sens de Riemann de mesure dépassant $1-\frac{1}{\theta}$. L'ensemble Λ' jouit des mêmes propriétés que Λ (c'est un "modèle" que l'on peut définir comme l'ensemble des m tels qu'il existe un n tel que $n\theta - m \in I$ où $I = [-\frac{\theta}{2}, -\frac{1}{2}] \cup [\frac{1}{2}, \frac{\theta}{2}]$). Ainsi on a, pour tout $f \in \mathcal{C}_\Lambda$, $\sup |f| \leqq c_1 \sup\limits_{x\in K_1} |f|$ et l'on en déduit, par un raisonnement analogue à celui fait au théorème 6 que, pour toute mesure μ à spectre dans Λ', on a

$$\|\mu\| \leqq c \int_{[0,1]\setminus K} d|\mu| .$$

§6. <u>Retour au problème de la synthèse.</u>

Si θ est un nombre de pisot supérieur à 2 et satisfaisant à une certaine condition supplémentaire, nous décrivons complètement l'espace des fonctions de $L^{\infty}(\mathbb{R})$ à spectre contenu dans l'ensemble à rapport de dissection θ^{-1}.

6.1. Soit θ un nombre réel dépassant 2 et E l'ensemble de toutes les sommes $\sum_{k\geq 1} \varepsilon_k \theta^{-k}$ associées à toutes les suites $(\varepsilon_k)_{k\geq 1}$ de 0 et de 1. Soit, pour tout entier naturel n, Λ_n l'ensemble de toutes les sommes finies $\sum_1^n \varepsilon_k \theta^{-k}$ correspondantes. Chaque élément λ de Λ_n est l'origine d'un intervalle fermé, noté I_λ, de longueur θ^{-n}/θ^{-1} ; les intervalles I_λ, $\lambda \in \Lambda_n$, sont deux à deux disjoints et leur réunion contient E. La réunion $\bigcup_{n\geq 1} \Lambda_n$ est appelée l'ensemble des têtes de E.

Soit $g(x)$ un élément de $L^{\infty}(\mathbb{R})$ à spectre dans E. Nous définissons une suite $(g_n)_{n\geq 1}$ de polynômes trigonométriques à spectre dans Λ_n par $g_n(x) = \sum_{\lambda\in\Lambda_n} a_\lambda e^{i\lambda x}$ où a_λ est l'intégrale, sur l'intervalle I_λ, de la distribution $\hat{g}$, transformée de Fourier de g. (Si g est presque périodique au sens de Bohr et si la série de Fourier de g est $\sum_{x\in E} b_s e^{isx}$, a_λ est la somme des amplitudes b_s relatives aux fréquences s appartenant à I_λ).

<u>DEFINITION. Nous dirons que</u> E <u>a la propriété de la synthèse parfaite si, pour tout élément</u> g <u>de</u> $L^{\infty}(\mathbb{R})$, <u>la suite</u> $(g_n)_{n\geq 1}$ <u>associée converge vers</u> g <u>dans</u>

<u>la topologie</u> $\sigma(L^{\infty}(\mathbb{R}),L^{1}(\mathbb{R}))$.

On a alors les trois résultats suivants.

<u>THEOREME</u> 1. <u>Si</u> E <u>a la propriété de la synthèse parfaite,</u> θ <u>est un nombre de Pisot.</u>

<u>THEOREME</u> 2. <u>Soit</u> θ <u>un nombre de Pisot supérieur à</u> 2 <u>et</u> E-E <u>l'ensemble de toutes les différences entre deux éléments de</u> E .

<u>Si</u> 0 <u>est le seul élément de</u> E-E <u>qui soit un entier algébrique du corps de</u> θ , <u>alors</u> E <u>a la propriété de la synthèse parfaite.</u>

<u>THEOREME</u> 3. <u>Plus précisément les hypothèses du théorème</u> 2 <u>permettent de caractériser l'ensemble des éléments de</u> $L^{\infty}(\mathbb{R})$ <u>dont le spectre est contenu dans</u> E ; <u>ce sont les limites, pour la topologie de la convergence uniforme sur tout compact, des suites, bornées dans</u> $L^{\infty}(\mathbb{R})$, <u>de polynômes trigonométriques dont le spectre est contenu dans l'ensemble des têtes de</u> E .

Le théorème 2 n'est pas la réciproque du théorème 1 et nous ignorons si la propriété de la synthèse parfaite ou même de la synthèse au sens habituel a lieu dès que θ est un nombre de Pisot. Si θ est un entier quadratique, si $\theta^2+a\theta+b=0$ où $a\in\mathbb{Z}$, $b\in\mathbb{Z}$, les hypothèses du théorème 2 sont satisfaites sauf dans les quatre cas suivants $b=1$, $b=-1$, $a+b+2=0$ et $a=b$; en examinant ces cas exceptionnels et en changeant en jeu la démonstration que nous allons faire, on montre que <u>si</u> θ <u>est un nombre de Pisot quadratique,</u> E <u>est</u>

<u>toujours un ensemble de synthèse.</u>

Les hypothèses du théorème 2 entraînent que la partie A_n de E est l'intersection de E et du sous-groupe de $\mathbb{R}$ engendré par $\theta^{-1}, \theta^{-2}, \dots, \theta^{-n}$. Si θ est un entier naturel, ce sous-groupe est discret et l'idée d'approcher les fonctions bornées à spectre contenu dans E par des polynômes trigonométriques à spectres contenus dans des points de E en progression arithmétique remonte à C. Herz ([1] th.VII ch.IX).

Voici l'exemple d'un cas où les hypothèses du théorème 2 sont satisfaites.

<u>PROPOSITION</u> 1. <u>Soit</u> θ <u>un nombre de Pisot. Soit</u> $X^\nu + a_1 X^{\nu-1} + \dots + a_\nu$ <u>l'élément irréductible de</u> $\mathbb{Z}[X]$ <u>dont</u> θ <u>est une racine. Appelons</u> K <u>le corps de</u> θ ; $\mathcal{A}$ <u>l'anneau des entiers algébriques du corps</u> K ; σ_j , $1 \leq j \leq \nu$ <u>les</u> ν $\mathbb{Q}$<u>-isomorphismes de</u> K <u>dans</u> $\mathbb{C}$ <u>où</u> σ_1 <u>est l'application identique de</u> K <u>dans</u> $\mathbb{C}$ <u>et enfin</u> $\theta_j = \sigma_j(\theta)$ <u>les conjugués de</u> θ .

<u>Supposons que</u> a_ν <u>soit différent de</u> -1 <u>et de</u> 1 <u>et que</u>

$$(\theta-1)(1-|\theta_2|)\dots(1-|\theta_\nu|) > 1 .$$

<u>Alors</u> 0 <u>est le seul élément de</u> $E-E$ <u>appartenant à</u> $\mathcal{A}$.

Soit, en effet, $\lambda = \sum_{k \geq 1} \varepsilon_k \theta^{-k}$, $\varepsilon_k \in \{-1,0,1\}$, un élément de $\mathcal{A}$. Si la suite des ε_k est nulle à partir d'un certain rang, θ est une unité de $\mathcal{A}$ et a_ν vaut -1 ou 1. Sinon, pour une infinité de valeurs de n ,

$$z_n = \lambda\, \theta^n - \theta^n\left(\sum_1^n \varepsilon_k\, \theta^{-k}\right)$$

est un élément de $\mathfrak{K}$ non nul. Grâce aux conditions $|\theta_j| < 1$ pour $2 \leqq j \leqq \nu$, on voit qu'à tout $\varepsilon > 0$ on peut associer un entier N tel que $n \geqq N$ entraîne $|\sigma_j(z_n)| \leqq \frac{1}{1-|\theta_j|} + \varepsilon$ $(2 \leqq j \leqq \nu)$; z_n appartient à $E-E$ et, à ce titre, $|z_n| \leqq \frac{1}{\theta-1}$. Cependant $\prod_1^\nu \sigma_j(z_n)$ est un entier relatif non nul et l'on a donc

$$\frac{1}{\theta-1} \prod_2^\nu \left(\frac{1}{1-|\theta_j|} + \varepsilon\right) \geqq 1$$

ce qui, pour ε assez petit, est incompatible avec $(\theta-1)(1-|\theta_2|)\dots(1-|\theta_\nu| > 1$.

6.2. Passons à la preuve du théorème 1. Appelons L_E^∞ la partie de $L^\infty(\mathbb{R})$ composée de tous les $g \in L^\infty(\mathbb{R})$ ayant un spectre contenu dans E et pour tout entier naturel n, soit T_n l'endomorphisme de L_E^∞ défini, avec les notations de l'introduction, par $T_n(g) = g_n$.

Grâce au théorème de Banach-Steinhaus, la propriété de la synthèse parfaite ne peut avoir lieu que s'il existe une constante C telle que, pour tout n, $\|T_n\| \leqq C$.

Soit μ la mesure de Lebesgue ([1] ch.I, §3) construite sur E, μ_n la mesure portée par Λ_n et donnant à chaque point de Λ_n la masse 2^{-n} et ν_n la mesure de Lebesgue construite sur l'ensemble symétrique $\theta^{-n}E$. Nous allons voir qu'il est possible de trouver une suite $(\lambda_n)_{n>1}$ de nombres réels telle qu'en appelant S_n la mesure portée par E et définie par $S_n = \nu_n*(\exp(i\lambda_n x)\mu_n)$ la limite de $\|\hat{S}_n\|_\infty$ soit 0 tandis que $\|T_n(\hat{S}_n(-x))\|_\infty$ soit égal à 1. Cela rendra impossible $\sup_{n \geq 1} \|T_n\| < +\infty$. En fait

$$T_n[\hat{S}_n(-x)] = \hat{\mu}_n(-x-\lambda_n) \quad \text{et} \quad \|T_n[\hat{S}_n(-x)]\|_\infty = \|\hat{\mu}_n\|_\infty = 1 .$$

Pour évaluer $\|\hat{S}_n\|_\infty$, posons $p_n(x) = \cos(x/2)\ldots\cos(\theta^{n-1}x/2)$. Si θ n'est pas un nombre de Pisot, pour tout x non nul, $|p_n(x)|$ tend, en décroissant vers 0 ; il en résulte que sur tout compact ne contenant pas l'origine, $p_n(x)$ tend uniformément vers 0. On a successivement

$$\|\hat{S}_n\|_\infty = \|\hat{\mu}(\theta^{-n}x)\hat{\mu}_n(x-\lambda_n)\|_\infty = \|\hat{\mu}(t)\ p_n(t-\theta^n\lambda_n)\|_\infty .$$

Si θ n'est pas un nombre de Pisot, $\hat{\mu}$ tend vers 0 à l'infini, $\|p_n\|_\infty = 1$ et les p_n tendent uniformément vers 0 sur tout compact de la forme $[1,A]$, $A > 0$. Il est donc possible de choisir les translations $\theta^n\lambda_n$ pour que $\|\hat{\mu}(t)\ p_n(t-\theta^n\lambda_n)\|_\infty$ tende vers 0.

6.3. Ce qui précède éclaire la preuve du théorème 2. En effet :

<u>PROPOSITION</u> 1. <u>Si</u> $\sup \|T_n\| < +\infty$, E <u>a la propriété de la synthèse parfaite.</u>

Il faut prouver que, pour tout élément g de L_E^∞ et tout élément f de $L^1(\mathbb{R})$, on a $\lim_{n\to+\infty} \langle g_n,f\rangle = \langle g,f\rangle$.

Soit D_n la partie de $L^1(\mathbb{R})$ composée de tous les éléments f de $L^1(\mathbb{R})$ dont la transformée de Fourier est constante sur chaque intervalle I_λ, $\lambda \in \Lambda_n$. Comme l'a montré Katznelson ([3], 1.3, p.256), la réunion D des D_n est dense dans $L^1(\mathbb{R})$. Or si $m \geq n$, on a, grâce à la définition de g_m et pour tout f

dans D_n , $\langle g_m,f\rangle = \langle g,f\rangle$. La convergence simple de la suite, bornée dans $L^\infty(\mathbb{R})$, des g_m , sur la partie dense D implique la convergence simple de cette suite sur tout $L^1(\mathbb{R})$.

6.4. Nous allons enfin nous ramener à un seul opérateur. Soit Ω l'ensemble de toutes les sommes finies $\sum_{k\geqq 0} \varepsilon_k\, \theta^k$ où $\varepsilon_k \in \{0,1\}$ et ε l'espace vectoriel de toutes les distributions S à support compact contenu dans $\Omega + E$. Soit $\mathcal{C}$ l'endomorphisme de ε défini par

$$\mathcal{C}(S) = \sum_{\lambda\in\Omega} \delta(x-\lambda) \int_{\lambda}^{\lambda+1/\theta-1} dS(t) .$$

<u>PROPOSITION 3. S'il existe une constante</u> C <u>telle que, pour tout élément</u> S <u>de</u> ε , <u>on ait</u> $\|\widehat{\mathcal{C}(S)}\|_\infty \leqq C\,\|\hat{S}\|_\infty$, <u>alors</u> E <u>a la propriété de la synthèse parfaite.</u>

En effet, par une homothétie de rapport θ^n , on a, grâce à $\theta^n E \in E+\Omega$, $\|T_n\| \leqq C$.

6.5. Nous arrivons à la partie la plus technique de la démonstration du théorème 2.

Le point essentiel est le lemme suivant :

<u>LEMME 1. On peut construire une mesure complexe (non bornée)</u> μ <u>sur</u> $\mathbb{R}$ <u>telle que</u>

a) $\sup_{x\in\mathbb{R}} \int_x^{x+1} d|\mu|(t) < +\infty$

b) $\hat{\mu}$ <u>est une mesure atomique chargeant les points de</u> Ω <u>d'une masse égale à</u> 1, <u>les points de</u> $\mathcal{A}$ <u>d'une masse comprise entre</u> 0 <u>et</u> 1 <u>et ne chargeant pas les</u>

<u>autres points de la droite.</u>

c) <u>en appelant</u> Λ' <u>le support de</u> $\hat{\mu}$, <u>les distances séparant deux points distincts de</u> Λ' <u>ont une borne inférieure non nulle et, plus précisément, l'ensemble des différences entre deux éléments consécutifs de</u> Λ' <u>est fini.</u>

Le lemme 1 a été prouvé au §4 ; montrons comment sont satisfaites les hypothèses de la proposition 3.

Tout d'abord, grâce aux hypothèses du théorème 2, il existe un nombre réel strictement positif d et un entier naturel k tel que $d > \theta^{-k}/\theta-1$ et que les nombres réels s'écrivant $\lambda + \sum_1^k \varepsilon_j\, \theta^{-j}$, $\varepsilon_j \in \{0,1\}$, $\lambda \in \Lambda'$ appartiennent à $\Omega + E$ quand $\lambda \in \Omega$ ou soient, si $\lambda \notin \Omega$, les centres d'intervalles de longueur 2d ne rencontrant pas $\Omega + E$.

Appelons en effet F l'ensemble des différences entre les éléments de Λ' différents de moins de 2 ; F est fini et contenu dans $\mathcal{A}$. Le seul élément commun à F et E-E est donc 0. Il existe donc un $d > 0$ tel que tout f dans F , non nul, soit le centre d'un intervalle de longueur 2d ne rencontrant pas E-E . On choisit, en outre $d < 1$ et k tel que $\xi^{-k}/\xi-1 < d$.

Pour vérifier les hypothèses de la proposition 3, appelons $\varphi(x)$ une fonction paire, indéfiniment dérivable, égale à 1 sur $[0,\theta^{-k}/\theta-1]$, nulle hors de $[-d,d]$. Appelons Γ l'ensemble de toutes les suites $(\varepsilon_1,\dots,\varepsilon_k)$ de 0 et de 1 pour tout $\gamma \in \Gamma$ et $S \in \varepsilon$ posons

$$\gamma = (\varepsilon_1, \dots, \varepsilon_k)$$

$$\theta_\gamma = \varepsilon_1 \theta^{-1} + \dots + \varepsilon_k \theta^{-k}$$

$$\mathcal{C}_\gamma(S) = \sum_{\lambda \in \Omega} \delta(x-\lambda-\theta_\gamma) \int_{\lambda+\theta_\gamma}^{\lambda+\theta_\gamma+d} dS(t)$$

$$d\mu_\gamma(x) = d\mu(x-\theta_\gamma)$$

où $\widehat{d\mu}$ est de la forme $\sum_{\lambda \in \Lambda'} \alpha(\lambda)\delta(x-\lambda)$.

On a alors $\mathcal{C}_\gamma(S) = (S*\varphi)\hat{\mu}_\gamma$ car, sur les intervalles de longueur $2d$ et dont les centres appartiennent à $\Lambda' + \theta_\gamma$ sans appartenir à $\Omega + \theta_\gamma$, l'intégrale de S est nulle.

Appelons $\mathcal{F}(S)$ la transformée de Fourier de la distribution S. Quitte à faire une homothétie de rapport θ^k, on voit que les hypothèses de la proposition 3 seront satisfaites si nous montrons qu'il existe une constante C telle que pour tout élément S de ε et γ de Γ on ait

$$\|\mathcal{F}(\mathcal{C}_\gamma(S))\|_\infty \leqq C\,\|\mathcal{F}(S)\|_\infty.$$

Mais $\mathcal{F}(\mathcal{C}_\gamma(S))$ est la convolution entre la fonction bornée à décroissance rapide $\hat{S}\hat{\varphi}$ et la mesure $\mu_\gamma(-x)$ qui vérifie a) ; on en déduit aussitôt que

$$\|\mathcal{F}(\mathcal{C}_\gamma(S))\|_\infty \leqq C\,\|\mathcal{F}(S)\|_\infty.$$

6.6. La preuve du théorème 3 est une simple adaptation de celle du théorème 2. On va montrer qu'il existe une constante C telle que pour tout S dans ε et tout y réel (les notations sont celles du §5) on a

$$(1) \qquad |\mathcal{F}[T(S)](y) - \mathcal{F}(S)(y)| \leqq |y|\ C\ \|\hat{S}\|_\infty .$$

On déduira de (1), par une homothétie de rapport θ^{-n}, que, pour tout $g \in L^\infty_E$,

$$(2) \qquad |g_n(y) - g(y)| \leqq \xi^{-n}|y|\ C\ \|g\|_\infty .$$

La suite, bornée dans $L^\infty(\mathbb{R})$, des polynômes trigonométriques g_n converge bien vers g uniformément sur tout compact.

Pour montrer (1), on appelle, toujours avec les notations du §5, U la réunion des intervalles $[\lambda+\theta_\gamma-d\ ,\ \lambda+\theta_\gamma+d]$, $\lambda \in \Lambda'$, $\gamma \in \Gamma$ et l'on définit, sur U, $\theta_y(x) = e^{isy}$ si $s = \lambda+\theta_\gamma$ et $|x-s| \leqq d$. Alors

$$(3) \qquad \mathcal{F}[T(S)](y) - (S)(y) = \int (\theta_y(x) - e^{ixy})dS(x) .$$

Appelons dA la mesure $\sum_{\gamma\in\Gamma} d\mu_\gamma(x)$ et $dB(x)$ la mesure

$$\hat{\varphi}(-x)dA(x+y) - \hat{\varphi}(-x-y)dA(x+y) .$$

On a $\mathcal{F}(dB)(x) = \theta_y(x) - e^{ixy}$ pour tout x dans U. Le second membre de (3) peut être majoré, en module, par $\|\hat{S}\|_\infty \|dB\|$. Mais on a $\|dB\| \leqq C|y|$ car, grâce à la régularité de $\hat{\varphi}$, il existe une fonction à décroissance rapide Ψ d'une variable réelle et une constante C' telles que

$$|\hat{\varphi}(-x) - \hat{\varphi}(-x-y)| \leqq |y|\Psi(x) \quad \text{si} \quad |x| \geqq 2|y|$$

et

$$|\hat{\varphi}(-x) - \hat{\varphi}(-x-y)| \leqq C'|y| \quad \text{si} \quad |x| \leqq 2|y| .$$

BIBLIOGRAPHIE

[1] KAHANE (J.P.) et SALEM (R.).- _Ensembles parfaits et séries trigonométriques._ Paris, Hermann (1963).

[2] KAHANE (J.P.).- _Sur quelques problèmes d'unicité et de prolongement_,... . Ann. Inst. Fourier, t.V, 38-130 (1953).

[3] KATZNELSON (Y.) et RUDIN (W.).- _The Stone-Weierstrass property in Banach algebras._ Pacific J. Math. 11 (1961) 253-265.

[4] MEYER (Y.).- _Une caractérisation des nombres de Pisot._ C. R. Acad. Sc. Paris, t.266, p.63-64 (8 janvier 1968).

[5] MEYER (Y.).- _Problème de l'unicité et de la synthèse en analyse harmonique._ C. R. Acad. Sc. Paris, t.266, p.275-276 (29 janvier 1968).

[6] MEYER (Y.).- _Nombres de Pisot et Analyse Harmonique._ C. R. Acad. Sc. Paris, t.267, p.196-198 (22 juillet 1968).

[7] ROSENTHAL (P.H.).- Thèse. Memoirs of the A.M.S.

[8] VAROPOULOS (N.Th.).- _Sur les ensembles parfaits et les séries trigonométriques._ C. R. Acad. Sc. Paris, t.260 (1965) pp.3831-3834.